U0099756

李韓玲

亮麗一輩子手記

從身・心排毒做起

天然美顏養生專家

李韓玲 著

萬里機構

推薦序一

李家駒
香港出版總會會長

背後初心

出版社最感恩是遇到認真和專業的作者。

記得一次我和 Ling 姐在凌晨時分以微信溝通聊天，晚安道別時，她說要繼續趕稿，原來她要趕的就是本書《李韓玲亮麗一輩子手記——從身・心排毒做起》。近幾年世界各地受到無情的疫情衝擊，香港當不能倖免。尤以本年初爆發的第五波，無情地奪去了九千多條性命，當中不少是長者。疫情改變了人類原有的生活和習慣，健康問題成為大家關注的課題。Ling 姐很關心在疫情肆虐下我們如何康復、調理及保養，搜集了不同故事和資料，旁證博引，包括食療、運動及日常生活小貼士，兼及精神和身體，希望提供給讀者。疫情告訴我們，不可控制的事情不能預測也難於阻止時，我們應該要調整生活與改變心態，更要互助，積極面對。Ling 姐這份初心和熱誠，令人感動。

此外，Ling 姐也邀請不同界別的好朋友分享經驗與心得，知識與應用並重，既全面實用性也高。書內資料，以至蒐集的每一幀照片，都親自過問、反覆推敲。她的專業要求，同時推動了出版社也要全力以赴，一齊做好。她處事風格如此，對每本書均如此看待，給予出版社樂於承受的壓力。

今日，我很榮幸獲邀為她新作寫序，成為本書的第一批讀者。在此，我衷心祝賀她大作一紙風行；期望本書出版，能夠幫助讀者增進防護新冠的知識，並將有關知識帶給身邊的家人和朋友，將知識化為祝福。

最後是祝願本港疫情穩定，大家生活可回復正常。

推薦序二

黎炳民醫生
X光診斷科專科醫生

畢業於香港大學醫學院。目前是私人執業。黎醫生是英國皇家攝影學會會士，也是作家。暢銷作品有《幸福人生：一位X光醫生的分享》。

有健康就是幸福

我是一位X光診斷科醫生，行醫四十多年。二十年前，我用香港電車為主題拍攝了一輯照片，Ling 姐來訪問我有關攝影的種種，並把文章刊登於《亞洲週刊》，我們因而成了朋友。Ling 姐做人處事十分爽直豪氣，又充滿愛心。每年我都參加她為「匡智會」學員及工作人員舉辦的聖誕自助餐聯歡會。

由於 Ling 姐的丈夫是醫生，也是我在醫學院時的同班同學，加上她交遊廣闊，好多時在醫生朋友聚會中，都會吸收到最新的健康醫療資訊，難得她有能力轉化成容易明白吸收的文章與大家分享。我在一次中學同學聚會，其中一個同學談及 Ling 姐教用香蕉皮醫治老人斑很有效；我也試着用，覺得效果不錯。現在我每朝十時半診所休息時，都會吃一隻熟香蕉，之後用香蕉皮的裏面白纖維磨擦面部來防治老人斑。

近十年，我開始研究如何獲得幸福人生，並將我的筆記及頓悟寫了《幸福人生》一書。

Ling 姐的書對我也很有啟發作用，每次她出版新書，我都要先睹為快。近年我都參與 Ling 姐的新書發佈會，與她的讀者分享身體及精神健康的奧秘，也十分樂意將她的新書與我的朋友分享。

這兩年，香港人生活在新冠肺炎的陰霾下，精神與健康都受到嚴重影響。我們身體是一個小宇宙，擁有自我調節平衡能力，令各個器官運作正常；其中一個自我平衡的系統是免疫系統。

為了增強我自己的免疫力，我會定期做運動，保持飲食均衡，確保休息充足，練習冥想靜觀來應對壓力。我也寫書法、學習中國畫及油畫來紓緩壓力。此外，也做瑜伽及拉筋，促進淋巴系統的暢順運行。腸道也是我們一個重要的免疫系統，所以我也開始進食益生菌。維他命D是prohormone，除了預防骨質疏鬆，也可增強我們的免疫力；所以我也開始進食維他命D補充劑。

Ling 姐這本新書內容包括了保健、排毒及增強抵抗力。新書出版及時，正可增加我們對增強自身免疫能力的常識。

自序

老去的是年齡不老的是氣質（村上春樹）

要活得快樂自由，不能沒有良好的體魄。

每出一本書，我都以這是我最後一本書的心態來面對，所以必然與出版社緊密合作，與編輯、美指、攝影師及全體同事盡可能愉快地合作。也因為看作是最後一本作品，所以為每一次的主題而邀請的嘉賓作者亦非常精挑細選，務求他們的文章都能為讀者提供有建設性的、寶貴的、有效的意見和行動。

這樣，才不會辜負出版社和讀者們的支持和愛護。

要一輩子亮麗、吸引力不減就得學曉不管處於甚麼環境、甚麼狀態底下，都

要神清氣爽、乾乾淨淨。容貌不必漂亮，但不能沒有真誠的笑容，因為它使你有自信，使你做事不會畏首畏尾⋯⋯。

Ling

目錄

CHAPTER 2

疫下保健，調整身心

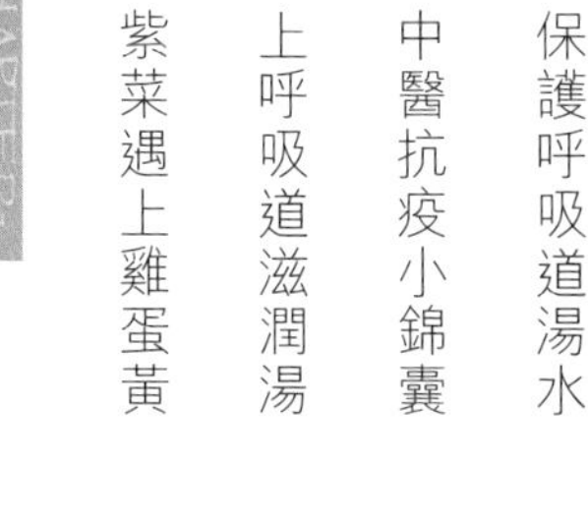

CHAPTER 3

排走毒素，強健身心

CHAPTER4

養生小智慧，愛護自己

CHAPTER 1

好友分享，養生之道

兩年多的新冠疫情，打亂了很多人的身心，除了懼怕自己染上疾病，心靈也同樣受傷。

與其惶惶終日，何不積極面對？今次特別邀請多位不同界別的好朋友，包括粵劇名伶、中醫師、物理治療師、專科醫生、獸醫、步行專家、大機構主管及年輕金融才俊等，與大家分享疫後的養生保養，以及調節心靈的方法，希望身體健康之餘，心靈也同樣美麗，活得輕鬆、自在。

我的養生之道

蓋鳴暉
香港著名粵劇演員

收到著名專欄作家李韓玲邀請，為她即將出版的第三十八本養生專書撰寫一篇有關養生的小秘密，當然二話不說就答應了。

與廣大讀者分享作為一個演員該如何通過適當的飲食和作息的方法，以保持應有的最佳演出狀態，於我而言是一個難能可貴的機會。

由於我的體質偏寒，所以盡量避免吃生冷食物，否則會導致身體不適，甚至會影響在舞台上的演出水準。

在演出期間，我一般在下午四時到達表演場地、開聲試咪、走走台位，跟其他演員綵排部分演出之群戲。接着是化妝、穿戴等等之演出前準備。再加上一般演出需時三至四小時，直到深夜。如演出當日有日夜兩場戲的話，更必須於早上十時開始準備工作直至夜深。

當中要求的體力、精神、能量（Energy）確實不少。場場演出必須確保有充足之能量才能保持合乎水準的演出。

所以演出前除了要多休息、有充足的睡眠外，還需要注意飲食，因為不合適的食物對身體或喉嚨有很大的破壞力。

演出前，我絕不會進食任何油炸、煎炒、辛辣及肥膩的食物；連甜品也戒掉，以免影響聲線。在家裏用飯更是以少鹽、少糖、少油為主；最要緊是多喝暖開水以保養喉嚨嗓子。

對於一個十分喜歡享受美食的我，卻要面對抗拒美食的一眾誘惑，是要有很大的決心。這個決心的力量來自我對自己演出的要求。因為這是對觀眾的尊重，作為一個專業的演員我是責無旁貸的。當然，每次演出完畢，我也會遍尋各種美食大快朵頤一番，這是對自己的獎勵，也是我的減壓方法之一。

希望在舞台上見到大家！

藉此祝願　一紙風行，大家身體健康！

百毒不侵小竅門

王慧慈中醫師

畢業於南加州大學預防醫學及神經內科，回港後受恩師吳才華博士影響，到廣州中醫藥大學修讀中醫學，其後於香港大學修讀針灸學碩士。曾於博愛醫院工作三年，後自立診所，希望為病人提供全面與貼心的醫療服務。現正進修中醫腫瘤學，期望為腫瘤患者減低後遺症與復發機會。

排毒中所謂的「毒」，按照中醫的説法，就是殘留在腸道內的宿便。毒素殘留在體內，便秘、腹脹、口臭、失眠、焦慮，皮膚病、脱髮問題也會接踵而來。日常生活中，我們不可避免地接觸各種毒素、激素、重金屬，它們存在於我們所使用的化妝品、藥物以及各種飲料和加工食品中，在我們每天所使用的物品中，無一例外都可能潛在。

毒素是一種可以干預正常生理活動，並破壞機體功能的物質。如果血液中充滿毒素，那麼，浸泡在血液中的細胞和組織就必然受到損害，健康就難以回復。

腸道本來是人體最大的排毒器官，負擔了人體大部分的排毒任務。然而，現代人飲食過於精製，缺乏營養與纖維，加上飲食作息不規律，令腸道負荷過大，排毒不能有效地進行，令腸道隱藏毒素，成為致病源頭。

排毒是調理一切疾病的鑰匙，當身體處於疾病狀態的時候，需要通過排毒來減少身體的負擔；同時，通過排毒將身體內的垃圾和壞細胞盡量排除體外。只有把毒素清理，身體才能夠通過血液的正常輸送，幫助身體獲取養分，進行組織的修補過程。

擁有良好的精神狀態

話雖如此，健康除了依靠有效的內循環和排泄，良好的精神狀態也是我們維持健康重要的一環。愉快輕鬆的心情不但能啟動副交感神經系統，讓身體能進行修補與休息，還能確保免疫系統正常地為我們抵抗外界的毒素與致病原。

自二〇一九年新型冠狀病毒疫情反覆，顛覆了我們規律的生活，面對疫情帶來的許多未知數，無疑令人感到無奈與疲憊。但人生本來就變幻無常，「境隨心轉則悦，心隨境轉則煩。」我們要明白心性的本質，以及轉化心境的重要。如果「心隨境轉」，苦不可言；「境隨心轉」，則能夠得到自在。通過傾訴、閱讀、冥想、運動各種方法，可以有意識地進行思想的排毒，就像我們的免疫系統，能通過練習強化我們面對轉變的適應能力。

毒素本來就存在，讓我們好好去學習怎樣面對，以及有效地排除它們，強化身心，享受身邊愛的人和事。

在家工作後，來一趟伸展運動

陳黃怡
香港註冊物理治療師、
香港物理治療師協會會長

歐陽健
私人執業註冊物理治療師、
香港物理治療師協會副會長、
物理治療臨床導師

第五波疫情持續，不少人需要在家工作，但未意識到背後隱藏的健康風險。有多個統計發現在家工作相比在辦公室會加劇肩頸、腰背及手痛的機率。因家中辦公環境若未如理想，長時間以不良姿勢操作電腦，有機會引致頸背肌肉勞損。調整硬件配套，保持良好姿勢及家居運動可以預防及改善痛症。

不同年齡的兒童及青少年，會留家以線上課堂的方式學習。這個生活方式的轉變，直接影響到跨年齡的體能和健康。基於減少户外活動，增加室內靜止的時段，身體的肌腱和關節會因而「怠慢」起來，長時間會影響血液循環及心肺功能的效率，逐漸削弱一般的體適能，可影響相關的發育和成長，以致「弱不禁風」！

不良坐姿與腰痛有莫大關係

二〇一五年，一篇研究在家工作的文獻發現，有腰背痛患者較無腰背痛人士傾向習慣「駝背」坐姿（Slump sitting posture）；二〇一三年一篇研究利用經肌電圖發現，「駝背」坐姿大大削弱患者啟動肌肉的能力，韌帶及椎間盤等軟組織需要承受大量重量，成為腰痛的元兇之一。

根據二〇二二年一篇醫學文獻指出，長時間「駝背」坐姿會改變正常胸椎及腰椎曲線，令患者脊椎關節長期受壓，構成腰痛。隨着年紀增長，腰椎很容易勞損及退化，後果不容忽視。此外，根據二〇二〇年一篇研究在家工作的文獻指出，腰背痛患者傾向長時間久坐及缺乏走動，導致肌肉缺乏伸展及鍛煉，脊椎活動度下降，核心肌群力量也會不足，加劇腰背痛情況。

改變姿勢

坐姿方面，一般認為挺直腰背為正確坐姿；但二〇一六年一份研究發現長時間維持同一姿勢，即使是正確的姿勢，也令部分脊椎組織受壓，因此提倡改變姿勢（Postural variability）作為在家工作的大原則。

有不少在家工作者會考慮選購站立式辦公桌，以減少平日在家久坐的時間；但二〇一五年一份研究站立式辦公桌的文獻表示，站立工作對工作間的環境也有一定的要求，例如站姿、屏幕及鍵盤高度等，需要重新設定工作間環境。另外，長期站立工作也會造成背痛等問題，該文獻指出在家工作者應定時更改姿勢，而非長時間維持同一姿勢（如久坐或久站）。

活動小休

活動小休（Active break）是指四十分鐘工作後，進行五分鐘的站立和伸展活動；靜止小休是指純粹坐在椅子上休息。

二〇二〇年一篇文獻量度上背肌肉在長期工作情況下的疲勞狀態，以及比較不同種類小休對肌肉狀態的影響。該文獻發現，上背肌肉在四十分鐘後會進入疲勞狀態，而活動小休比靜止小休更有效減少肌肉不適。近年，不同的研究均認為在家工作者每半小時應做兩至三分鐘伸展和活動關節的運動，有效紓緩工作帶來的不適，定時作活動小休或改變姿勢，能有效減少頸部及腰背痛症的出現。

物理治療的自我伸展運動，簡單方便，不受時間、空間限制，不單可保持自身肌腱和關節的活動機能，增加血液、淋巴系統循環和心肺功能，有助排毒。如能養成每天進行伸展運動的習慣，可維持肌肉的柔韌度，增進肌腱的新陳代謝，減少肌腱及骨骼創傷，紓緩痛症。尤其在持續抗疫期間，我們以「靜中帶動」的運動模式，驅使百毒不侵！

伸展運動四步曲

一、伸展運動前先作熱身運動，如原地跑或踏步，在低溫天氣下尤為重要。

二、緩慢地牽拉肌肉至輕微拉緊感覺，維持此動作。切勿大力旋轉或作回彈式伸展。

三、待拉緊的感覺減弱或消失時，再循同一方向繼續加壓，維持此動作十至二十秒，然後緩緩還原位。

四、重複二至三次，伸展另一組肌腱。

在家工作伸展運動

●伸展體側肌。站立，右手臂提高，左手放在腰部，身體慢慢向左側彎，維持十秒，另一邊重複動作。

隨時隨地的伸展運動

• 伸展胸肌。站立，緊握雙手在身背後，手慢慢提起，維持十秒。

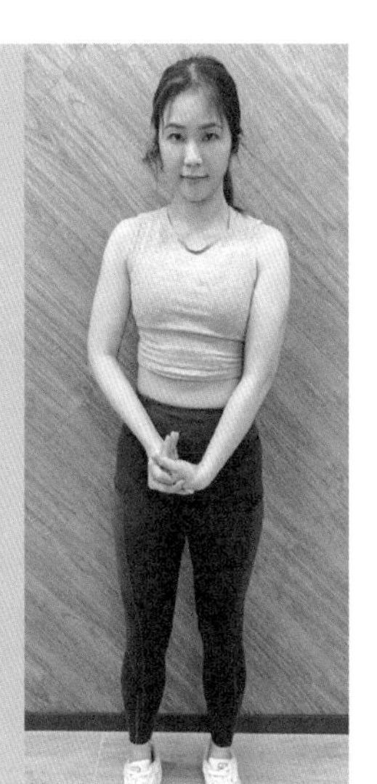

• 伸展前臂外側部位。站立，兩手垂直，手心向上，用手將另一手腕推向上。

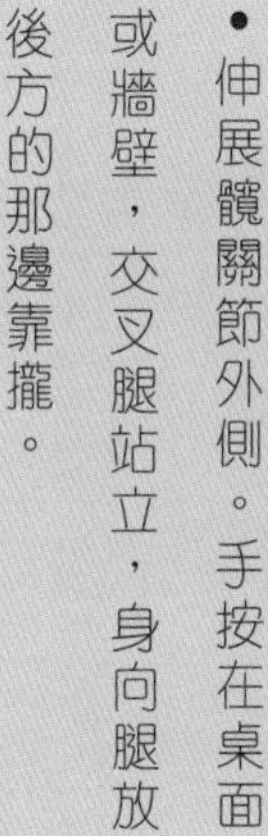

• 伸展髖關節外側。手按在桌面或牆壁，交叉腿站立，身向腿放後方的那邊靠攏。

行山除腦霧

蕭粵中醫生

急症科專科醫生

畢業於香港中文大學醫學院，任職某公立醫院急症科，閒時喜好行山長跑。蕭醫生現任亞洲急診醫學會會長及遺傳性心律基金會顧問會成員，並曾擔任香港急症醫學會會長、香港急症科醫學院院長及香港心肺復蘇委員會會長。蕭醫生的專注科目為院前醫學，尤其對野外醫學深感興趣，曾編著《野外醫學：求生與救援必備知識》一書，跟同好分享有關心得和經驗。

行山一向是香港市民喜愛的活動，尤其在疫情下，大家未能外出遠行，更多人選擇到郊外行山，鬆一鬆口氣。行山活動除了可以鍛煉身體外，也能夠讓人保持清晰的頭腦，當我每遇上未能解決的問題，在郊外走一趟，往往都能夠找到答案。

疫情後遺症——腦霧

在過去數月，香港經歷第五波疫情，不少香港人不幸感染新冠肺炎，部分人士康復後仍有各種不同的小毛病，包括：不能集中精神、思想緩慢、健忘、容易感到疲倦等，這些後遺症俗稱「腦霧」（Brain fog），腦霧雖不會致命，但確實令患者困擾不堪，世界衞生組織指出這些後遺症已造成社會上重大的經濟損失。

世界各地的專家不斷努力，希望找出治療腦霧的方法，雖然尚未有實證支持，但是有外國專家指出行山活動或有助清除腦霧，通過運動來刺激腦源性神經營養因子的分泌，協助大腦功能復元。多點接觸天然光，也可以讓人體內的天然鐘得到平衡，回復正常睡眠休息。郊外綠油油的環境，跟都市內黑沉沉的建築物相比，更能安撫患者的心靈，提升思考能力。

即使大家沒有患上腦霧，在這夏秋之際行山，欣賞着不同的植物，絕對會令人心花怒放；但是大家要記着愛惜它們，用眼睛來欣賞，用相機來做記錄已經足夠，切勿隨意採摘。

疫症期間人與寵物的關係

關妍慧

澳洲珀斯莫道克大學全科獸醫畢業，行醫將踏入第十年。

「唉吔！關醫生，為甚麼她的小便看上去閃閃的？」某天，我的一位老主顧帶上她的英國老虎 Kimchi 來到診所檢查尿道問題。近來，Kimchi 的小便帶有血絲之外，燈光下牠的小便更加像少量金粉加進水中，一浮一沉，閃閃亮亮。當然，這樣的尿液絕不正常，如金粉般的沉澱物是來自晶體的凝聚。一般來説，動物會產生晶體尿，除了基因問題，飲食佔了很大一部分。天生的因素我們改變不了，但後天的飲食習慣，我們或多或少可以控制。

一般健康的動物不需要額外添加補充劑，過量的補充劑反而有各種不同的健康風險，例如過量的維他命C及鈣質會增加產生膀胱石的機會；攝取量不足也會令尿液過分濃縮，導致膀胱發炎產生感染和晶體凝聚。

Kimchi 的主人知道牠的膀胱有問題後很是擔心，她詢問有甚麼非手術方法可移取晶體沙石。我告訴她其中一個最重要的是多攝取水分，清水是所有動物每天必須吸取的物質，如能吸取足夠水分，動物就可以順暢地排出對身體有害的物質。狗女的尿道一般比較寬和短，有時候只需提高水分吸收便可將尿道沙石排出體外，達到改善膀胱重建健康之效。

照顧毛孩之身心健康

二〇二〇年初，新冠肺炎開始肆虐全球，寵物主人除了自身安全之外，則最關心各毛孩的身心健康。直至現在，家庭寵物感染新冠肺炎的風險仍然非常低，只有絕少部分受到感染的貓或狗出現病徵，包括打噴嚏、流眼鼻水、上吐下瀉和呼吸困難等等。一般來說，寵物只需要接受支援性治療，數日後即可痊癒。若進一步減低風險的話，我們可以勤清潔雙手，避免親吻寵物。另外，如家中有任何確診者，其寵物應該同樣接受家居隔離，避免和其他動物接觸。

在這個非常時期，大家要好好守護珍惜身邊的人和動物，願安康！

走路的好處

冼水福

一九八九年因打波扭傷，在往後十四年無間斷地靠止痛藥來應付上班所需，厭煩的傷痛令他感受甚深。及後他以適量運動來治療腳傷，更相信運動可治療創傷，隨後跑遍世界七大洲，闖進南北極圈、四個沙漠及一個森林賽事。他極度注意步姿和跑姿，完成為香港防癌協會和香港大學的「徒步千里 踏出關愛」籌款後，專心研習行路引起的傷痛問題。

人體的構造是動多於靜，如病人臥床兩星期，大腿肌肉明顯感到流失，康復後要重新適應走路。人體內有大大小小的關節共二百三十多個，使用不當會產生勞損和傷痛，不使用則會萎縮和失去功效。

生活上的動作與姿勢每每影響身體關節，走路是日常生活中動用關節最多的動作，而關節是靠筋腱和肌肉帶動，關節彎曲及伸展，與肌肉收縮是由周邊神經掌控。究竟怎樣走路才可得到好處？

年輕時不會問走路有那些好處，也不會問應該怎樣行，人人天生就懂得走路，可以從這裏走到那裏便可。人到中年，走路或工作姿勢不理想而產生勞損，站立不久也腰背痠痛，關節也感不適。到了老年，人的肌腱萎縮，肌肉也減低支撐身體的穩定性，平衡力也減弱，步幅越來越小以保安全，跌多了就需用拐杖了。

理想的走路步姿可為身體帶來好的體質，首先是眼睛向前平望，保持頭、頸和上背脊椎的彎度，胸背的肋骨和椎骨挺起，增加肺部的氧氣和新陳代謝的廢物交換功能。人的帥氣和自信也自然增加不少，當上背脊椎對稱平衡良好，下背脊的腰部和骨盤在走路時也可輕鬆擺動，增加舒適度和提高活動能力，腹部和臀部的脂肪怎會積聚？膝蓋和腳掌也可昂然向前踏步。

正確的走路可增強心肺功能，保持神經骨骼肌肉的通訊，減少對藥物和他人或子女的依賴。正確走路好處多，祈望有機會再與大家分享。

增強免疫力——一個人的空間

葉若林
投資銀行家
任職於跨國美資投資銀行投資銀行部，負責亞太區科技與互聯網企業收購合併與上市融資業務，並曾於多家私募基金負責投資工作。美國康奈爾大學商學院 MBA 工商管理碩士，本科畢業於美國聖母大學，並獲得 CFA 特許金融分析師資格。

「喂，布萊恩！你還在嗎？」藍牙耳機裏傳出熟悉的呼喚聲，口中一直緩緩噴出節奏時而急促時而凌亂的呼吸聲，疲憊的身體卻一直努力地拖着一個沉重的黑色公事手袋背包。公事包裏放的東西其實不多也不重，因為它的重量不是來自裏面的物件，而是這些物件要在未來兩個小時解決的問題和要做的決定。

「嗯！我還在，剛才我有在聽，我覺得就現在波動的市場情況這麼快出價有點早……」我喘着氣徐徐地說道。「你在說甚麼？剛才我們沒人在說話。」另一個藍牙耳機傳着另一個熟悉的聲音。糟糕了，這是今天第二次按錯了靜音按鈕，經常兩部手機同時開着兩個會議，不要說經常是夾雜着幾種語言，儘管是同一種語言也要經常猜度着對方言語裏背後隱藏着甚麼訊息，經常按錯手機的靜音是難以避免的錯失。前面看到一個小酒館，在跑過去的時候隱約聽到公事包內物品相互碰撞的聲音。

心裏還在怪責着自己剛才的錯失，匆忙地在小酒館坐下，裏面只掛着數個工業風的燈泡，燈泡綻放着微弱的閃爍着的泛黃光線，這裏除了酒吧老闆就只有我一個人。我從公事包拿出我的手提電腦，它為甚麼用了那麼久還是那麼重？十指飛快地在鍵盤上寫着和發出一些像是給意見又像是在下命令的電郵，這讓我想起家裏早已佈滿灰塵的鋼琴，想着手指在彈琴時候也不見得可以彈得那麼快。兩個會議結束了，今天該寫的文檔也寫完了，一抬頭原來已經凌晨一時半，老闆微笑着走過來跟我說，再多喝一杯也差不多要回去了！

自製私人空間

這是我在凌亂裏尋找喘息空間的方法，無論每天工作日程從早到晚都被排得滿滿的，至少每隔一天也需要在工作日程替自己「自製」一些私人時間，可以是晚上隨意的兩個小時，做自己愛做的事情，不論是慢走散步、到健身房、合唱團練習、跟朋友組樂隊、看畫展，只要是能讓自己從工作抽離兩個小時，儘管很可能沒法完全抽身不參加任何會議，但是在這段時間我的思緒還是屬於我自己的。這既是減壓方法，也能改善睡眠和增強免疫力，以免身體被長期的壓力壓垮。壓力是無形的，每天積累而成，當等到真的受不了要累倒的時候才去找解決辦法就太遲了，最有效的還是要持續地舒壓，才能增強免疫力促進健康。

緩緩地離開了小酒館，再度踏上一個人的路途，在這個憂愁又淺淡的夜裏，享受着月亮折射打在身上的一抹暖光，被微風細雨緊緊地包圍着，我感覺到被社會工作漸漸磨滅的勇氣又重新在心裏冉冉升起。

疫症確診者的隔離生活

王佩兒
香港中華煤氣有限公司
總經理——零售市務及營業、
區議會聯絡組總監

冠狀病毒第五波來勢洶洶，令香港人永遠難忘。對我來說豈止噩夢這麼簡單，「它」把我日常生活作息和習慣改變了過來，提醒我在工作上當遇到難題，當如何與前線同事一起面對挑戰、當如何照顧家人免受感染風險……因為我曾是確診者！

做快速測試後看到自己確診的一刻，我正在房間換衫準備與家人一起吃晚飯。當我看見快速測試結果顯示器上多了一條淡粉紅線時，真是晴天霹靂，自然反應是「哇」的大叫一聲。鎮定下來後，把外子的日用品包括枕頭、被鋪遞出客廳去，自己則關上房門，開始那悠長的一個星期自我隔離生活。

確診的第一天，基本上沒有病徵，第二天開始有輕微發燒，維持了兩天，體溫大約在攝氏三十七點三度左右，其他病徵就如一般感冒，頭痛、鼻塞和少許咽喉痛，有時會咳嗽及流鼻水。

可能由於我已接種了三針疫苗，所以反應屬於輕微。感冒的病徵在第五天陸續清退，第六天晚上再做一次快速測試，已經由陽轉陰。

猶記得那個星期，為了將傳染風險減至最低，我要求家人安排膳食每日只送一次，即是一次過送三餐所需食物，放在保溫瓶內，而食物盡量清淡，好讓感冒盡快痊癒。

有一點一定不可疏忽的就是不能讓房中的空氣流出房外，免得病菌隨空氣傳播。除了在隔離期間仍得戴上口罩，如果你住的房間有抽氣扇，就要把抽氣扇長開着，不要打開窗戶，讓室內空氣被抽走。如果你住的房間沒有抽氣扇，則要把窗戶大開，但門隙必須放上毛巾避免房內空氣向房外流出。房內應該準備多一套消毒用品，在隔離期間經常為房間消毒。

隔離期間除了多喝水補充水分，還要多休息。我每天在房裏會打開平板電腦，跟着瑜伽網紅做瑜伽，保持身心靈健康。說時遲那時快，一個星期就這樣過去了。

CHAPTER2

疫下保健，調整身心

疫情期間，食療湯水是全家的護身符，希望百毒不侵。平日飲用這些湯水，也是增強體質，提升免疫力的好方法。日常看似平凡的材料，海鹽、薑粉、羅漢果、西洋菜……卻是養生抗疫的小秘訣，只要在生活上多留意一點，就能養於內、美於外，為自己創造一片美麗的藍天。

病癒後的養生保健湯水

讀中醫很重視病後的身子調理，以固本培元。香港大學中醫藥學院的老師們，也為此設計了「新冠肺炎病後康復」湯水，並稱之為「沙參玉竹湯」，作用清肺化痰、補陰益氣，以促進呼吸道疾病的康復。

材料：

北沙參二十克、南北杏各十二克、玉竹二十克、雪梨（或鴨咀梨）連皮兩個、百合二十克、蓮子二十五克、白果十二粒、黑木耳三至五克、馬蹄十顆、白蘿蔔連皮半個（約三百至四百克）、陳皮一塊、瘦肉四兩。

做法：

浸泡洗淨黑木耳及其他材料，瘦肉飛水。把所有材料放入湯煲內，加入十碗清水，用大火煲滚後轉中小火，煲約九十至一百分鐘。若不加入瘦肉，這款湯水用八碗清水即可，大火煲滚後轉中小火煲三十分鐘即可飲用。

此湯可每週飲一至兩次，一般人士如有微咳有痰、喉嚨不適、乏力、大便不暢順（或黏）都可以當茶水飲用。

從所用材料看來，這是個很溫和的美味湯水，作日常飲用亦無妨，正所謂「太子都食唔壞」。

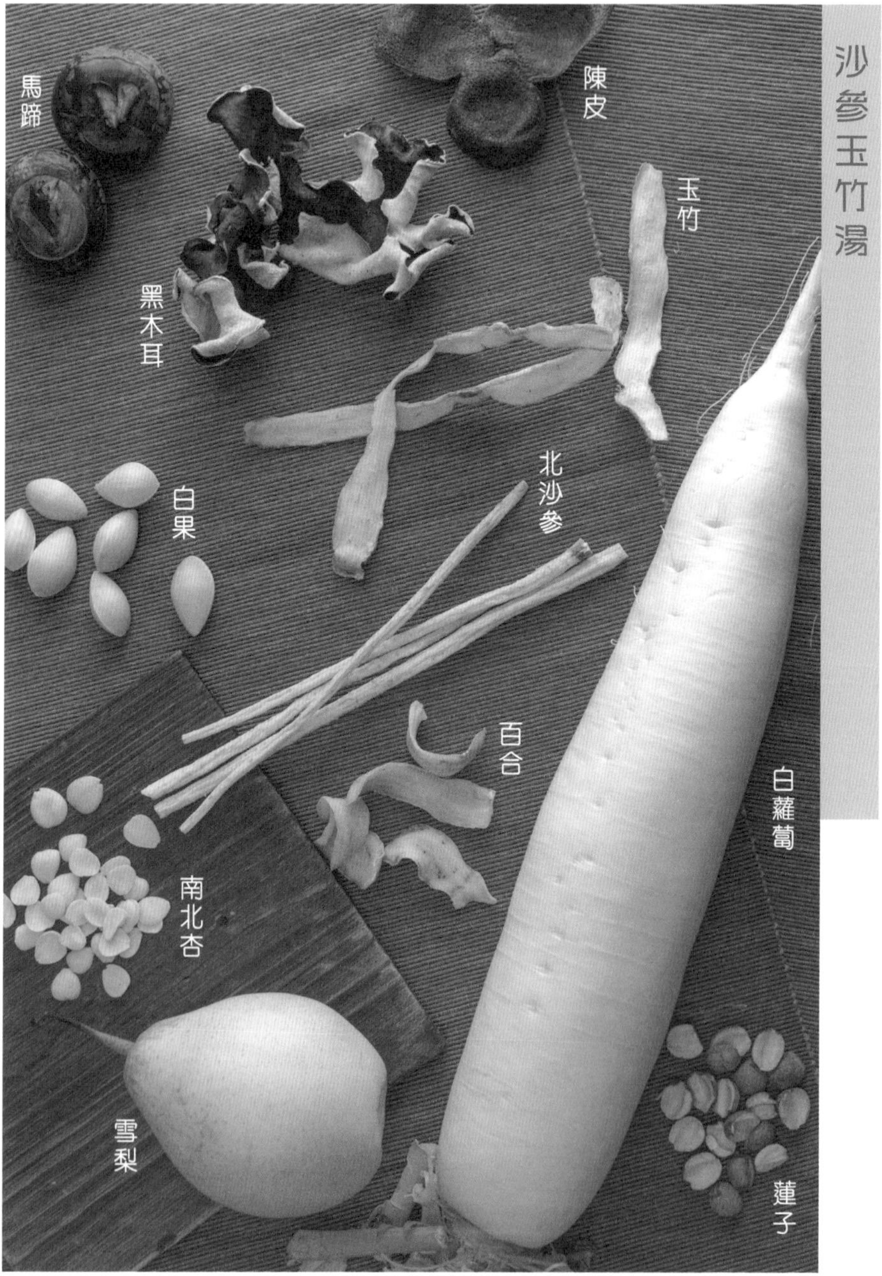

沙參玉竹湯

馬蹄
陳皮
玉竹
黑木耳
白果
北沙參
百合
白蘿蔔
南北杏
雪梨
蓮子

海鹽水與抗疫

早前有位跑新聞的記者朋友，來買了許多包幼海鹽（美肌食鹽）。

我講笑問他，是不是用來送禮？他答道，是替其他行家買的。原因是，近日疫症大爆發時，他們天天往外採訪的，怕萬一染上了疫症後，回到家裏累及家人也累及街坊，於是四出尋找防疫良方。

他說，一位行家把一條良方

轉贈他們，就是每天出門口前用半茶匙海鹽開半杯滾水，待水變得不太熱燙時用來漱口，特別漱一漱喉嚨；到下班回到家洗淨雙手後，又開一杯溫海鹽水來漱口，這樣可以保護自己之餘，也保護家人、同事及將會接觸的人。

那位行家還教我這位記者朋友，最好能隨身帶備一小包天然海鹽，以應不時之需。

天然海鹽含有豐富的礦物質，具有殺菌、抑菌、消毒、消炎、減少皮膚過敏反應、抗氧化的作用。每次從外面回到家裏，除了用海鹽熱水漱口外，請別忘記用海鹽水洗鼻孔。

鼻子是呼吸的主要通道，最多病菌細菌聚集的地方，不妨用棉花棒吸滿海鹽水，然後放進兩邊鼻孔，像檢疫一樣去清洗。

天然幼海鹽

疑似感染怎麼辦？

疫情下，人人神經緊張，有點頭痛就驚怕染疫，又難怪，日日聽政府公佈確診數字上升，不知何時輪到自己。講來講去：

一、首先保持冷靜；

二、飲大杯熱開水；

三、用溫海鹽水漱口；

四、沖熱水浴，對準頸和肩膊直沖，兩三分鐘足夠，讓血液循環加速，讓身體暖和；

五、再飲杯熱開水，或空口食一茶匙蜂蜜來滋潤喉嚨；

六、好好睡一覺；

七、保持腸胃暢順以排毒，不能有便秘。

「休養」時不要吃太多，不要吃難消化的肉類。吃多一點綠色蔬菜、蒸魚、稀飯（白粥）。盡量防止有乾咳和流鼻水情況出現。

其實疫症帶來的積極面是，大家比以前更加注意家居、辦公室、公共設施和地方的清潔衛生。比以前更注重個人的起居飲食和健康。從來不注重運動的你，開始每日做拉筋二十分鐘，用艾粉和薑粉加入熱水浸腳十五至二十分鐘吧！

有備無患百毒不侵

大家害怕會一個不小心感染了這個世紀疫症，於是許多人變得神經兮兮杯弓蛇影，弄得我都緊張起來。話説這個疫症的徵狀是乾咳、喉嚨痛伴隨着發燒。我一位同事某日午飯後，乾咳了幾聲，立即驚惶失措在説自己感染了疫症怎麼辦，另一邊廂她又説自己已經接種了兩針疫苗。

我們叫她不要自己嚇自己，然後飲杯白開水潤下喉嚨定下神。探過體溫，一切正常，咳也沒有了，她自己也笑了起來。其實有個穴位，每天按壓三至五分鐘是可以改善咽喉不適，兼抑制噁心嘔吐。這個穴位叫天突穴，就在頸窩部位，即是喉結下胸骨上的凹陷處。

方法是用食指指腹輕柔地按壓，邊按壓邊吞口水。因為在按揉的過程中，再配合吞口水的動作，便能有效地緩解咽喉不適、乾咳、噁心作嘔的徵狀。按揉時，要用力往斜下四十五度角的位置。此際疫症猖獗期間，任何可以令身體增加抵抗力的法寶如運動、穴位按揉，都要持之以恒地天天進行，作為養生、保健未嘗不是一件好事。

聯手紓緩醫療壓力

站在蓮蓬頭下讓熱水沖擊着又凍又疲憊的身軀，不過一分鐘已經恢復元氣了。因為它那仿如按摩的帶動力，讓血液循環加速，且能令人神清氣爽，同時令皮膚表面溫度升高，皮膚稍稍出汗，是一種排毒。

花灑的熱度加力度，可以紓緩肩頸膊的疼痛。在溫暖的環境下，可以提高我們的應變能力，也使免疫細胞變得活躍。如此一來，便間接起到提高預防疾病的能力。

一如我常常提醒大家，最好能每晚用熱水加艾粉、薑粉泡腳，因為足部的足三陽穴與膀胱、胃、膽有關；足三陰穴與腎、脾、肝有關，熱水浸泡雙腳可以加強它們的血液循環，減少疾病發作的機會。特別在目前的疫情嚴峻，我們必須自救，非必要時不要使用緊急公共醫療服務，因為已經不勝負荷。

每晚全家輪流用熱水加薑粉、艾粉泡腳，十分鐘是很好的預防和治療方法。浸泡後不必沖水，但請穿上保暖棉襪子。小孩也可以泡，但只泡五分鐘便已足夠，而且必須家長在旁照料。

薑粉及艾粉

疫症康復者保健湯水

「清熱散結降血壓，殺菌治痢保安康。」這是坊間對這湯水的稱譽。這款湯水名叫「夏枯草黃豆豬橫脷瘦肉湯」。對於Omicron疫症康復者有清火明目、活血化瘀、清熱解毒的功效。就算無病無痛者亦可作為強身抗菌的保健湯水。

材料（三至四人飲用份量）：

夏枯草大半湯碗（用清水浸泡半小時以去除泥塵）、黃豆（白豆）三十克，先浸泡至破皮。豬橫脷兩條、瘦豬肉半斤（與豬橫脷都要飛水）、生薑兩片。

方法：

把所有材料放入瓦煲中，加入十二飯碗清水。大火煲滾後轉文火熬兩小時。放少許海鹽調味即可飲用。

夏枯草清肝熱降血壓；黃豆健脾寬中；瘦豬肉調節新陳代謝、增強免疫系統功能、促進細胞生長；豬橫脷健脾胃、助消化、養肺潤燥、清肝火。

夏枯草及黃豆

潤喉潤肺排毒湯水

你猜得到自疫症開始，甚麼蔬菜在香港是最受歡迎的呢？對，就是西洋菜。有人隔天煲西洋菜湯，也有人煲西洋菜蜜。

西洋菜原產地是歐洲，被認為有潤肺、止咳化痰、利尿通便的功效，而且質地脆嫩多汁，外國人多用作沙律食用，廣東人就愛用來煲湯或清炒。小時候略有點咳嗽，家裏馬上會煲西洋菜湯；今日我作為主婦，當然亦跟隨前輩的足迹，發揮優良傳統。

如果是煲老火湯的話，材料除了一斤西洋菜外，還會加入瘦肉、蜜棗或無花果、南北杏，再加多一塊果皮，已經足夠。南北杏有止咳平喘的功效，北杏偏溫但有助通便，南杏平和可潤肺，兩杏聯手適用於各種咳嗽，即寒咳熱咳。不過，兩者都有小毒，尤其北杏，所以要注意使用份量。

洗西洋菜的方法，是在水裏加入海鹽（多一點也無妨）或者小梳打粉，把菜浸泡半小時，再過水清洗兩次。至於西洋菜蜜，材料除了西洋菜外，還加入雪梨十個（去皮去芯），與無花果一起煮四十五分鐘左右，被譽為潤肺佳品。

充滿毒素的身體

我也會飲西洋菜煲蜜棗南北杏水，當茶水一樣飲，就因為祖輩說西洋菜有潤肺、化痰止咳、利尿通便之故。由於疫情日見嚴重，又說它的病徵是乾咳、流鼻水、發燒、頭痛等，為了守護自

西洋菜用海鹽或小梳打粉浸泡洗淨。

己、守護家人和有可能接觸到的同事、市民大眾，自己必先要無毒，飲這個西洋菜水的作用之一，就是排毒。當腸胃暢順又潤肺，自是有了一重保障。

對於這兩年的疫情，使我們注意到，原來我們每天面對的，都是具有毒性的環境化合物，它們會直接間接地破壞身體的正常生長和健康，因而使我們的免疫力下降，容易產生各種大小疾病，排毒就成了維持健康的重要良方。

排毒主要是透過皮膚、腸道、腎臟、肝臟和肺臟這些排毒器官處理。若毒素過多，身體會日漸虛弱，容易受到感染。百毒纏身的身體都會有以下徵狀，疲倦、肌肉痠痛、頭痛、消化不良、過敏、癌症等。免疫系統原來的作用，是保護身體、免受病毒和有害細菌的入侵，如今由於毒素積聚太多，免疫系統也給打垮了，哪能不排毒？

新冠病人的食譜

朋友打了三針疫苗，仍感染新型冠狀病毒，發燒喉嚨痛周身骨痛樣樣齊，依指示獨自一人關在套房中隔離，三餐由丈夫照顧，一週後痊癒了。

我問她可否與大家分享在養病期間的食譜，例如要不要戒口，她說不必戒口，但必須多休息多飲熱開水。三餐食物主要是瘦豬肉、魚類和蔬菜，配白飯或麵條，甚至麵包。我問為甚麼是瘦豬肉而不是牛肉或者雞肉。答案是豬肉性甘、平；入脾、胃經，且滋陰潤燥。豬肉幾乎包含了人體所需的蛋白質、脂肪和碳水化合物，容易吸收。至於雞肉，性溫，有外感發燒的人忌食，因容易引起肝火令病情加重。如有失眠症狀或輾轉難以入睡者，最好停食雞肉一段時間。牛肉雖益氣血補脾胃，但偏溫、燥，感冒期間不宜食。無論如何帶病之身，以清淡食物為首選。

加強抵抗力須知

為己為大眾去接種了第三針復必泰，聽朋友、聽專家勸告多飲水，一切如常。到了黃昏，針口開始疼痛，但沒有腫脹；晚上十一、二時左右，疼痛加劇，根本不能入睡，直至凌晨兩、三時，才迷迷糊糊睡着了。清晨醒來，疼痛消失了，又一切如常。

疫症依舊肆虐，為了增強抵抗力，我每朝必用冷水洗面（以前最愛用溫水洗面，感覺好舒服，會一下把睡魔趕走），為甚麼用冷水洗面呢？

因為我們的上呼吸道經常寄生着許多感冒病毒，要是你抵抗力強，這些感冒病毒就對你無可奈何。相反，如果抵抗力弱，一旦着涼，鼻腔和咽喉的黏膜就會充血腫脹，生理機能變差，令局部的抗病能力下降。此時，感冒病毒就乘虛而入，大肆繁殖，於是頻頻打噴嚏、流鼻水兼出現頭痛。

要是你朝朝用冷水洗面，會令面部皮膚和上呼吸道黏膜的耐寒能力得到磨練，就算遇到氣溫驟降，都可以馬上適應，感冒菌就不會有機會侵襲我們了。

每當乍暖還寒天氣，就要記得頭部、頸部、背部、大腿、膝蓋和腳掌的保暖，不要讓它們着涼。適度的運動和臨睡前用熱水加艾粉、薑粉泡腳，是令氣血循環的好方法。

魚腥草豬橫脷與抗疫

朋友D是排球教練，身材健碩、身手矯健，月前中招了。

因為出現發燒徵狀；於是，她馬上去做核酸檢測，報告必須翌日才有，但已預先吃了兩粒退燒藥，到了晚上已經退燒。待大清早報告出來了，說明是陽性；於是，乖乖的依囑咐居家隔離十四天，每天自己做快速測試。隔離期完結，她依約再做核酸測試，一切清零，生活回復正常。

我問她，有沒有一般人聲稱的「長新冠」後遺症？她說，比較容易疲倦、好想睡覺，其他一切正常，並已如常上班了。這可能與這兩個星期留在家中休養，足不出戶有關，彷彿放了個大假。

我再問有沒有吃些甚麼來調理身體？她說，她媽媽每星期給她煲魚腥草加豬橫脷，當茶水飲。座中有人問魚腥草是甚麼？當然是草藥；中醫學解說，性微寒、味辛，歸肺、大腸、膀胱經。魚腥草有抗菌、抑制病毒的作用，能增強身體免疫力、增強白細胞吞噬能力、鎮咳作用明顯。

此外，魚腥草含有的槲皮甙，這種黃酮類單體化合物在進入人體後，能使血管擴張、消炎退腫，加入豬橫脷同煲，可以化解辛味及中和寒涼。

魚腥草

保護呼吸道湯水

曾經患上新冠肺炎的過來人跟朋友分享，他當時的情況，令他以為自己不過患了重感冒，於是吃了兩粒坊間隨便可以買到的感冒藥，便繼續上班去。

半路上，他感到頭重重、腳浮浮，而且呼吸不太暢順，大驚之下，馬上跑到醫院的急症室求診。

是的，他確診了。

根據衛生署的提示，這個病最主要的徵狀是發燒、乾咳，如果不及時延醫診治，再加上患者本身的抵抗力不足，隨時有一命嗚呼的可能。因此，平日的保養好重要。

日前，香港大學醫學院的Ada，傳來幾款他們中醫藥學院的老師們特為預防新冠肺炎而設計的湯水，非常感激，其中一款是以下的潤肺湯。

材料：

百合二十克、麥冬十五克、北沙參十五克、防風十克、玉竹十克、北芪十克、桔梗十克、蘆根二十克、牛蒡十五克、海底椰十克、生薑三片、陳皮一塊、瘦肉半斤。

做法：

先將上述藥材用清水浸泡二十分鐘，瘦肉飛水，然後將藥材全放入煲內，加入八碗清水，用大火煲滾後轉小火煲六十至九十分鐘，煲成三碗，每日一碗，可供一家三口服用，每週飲一至兩次。

此湯功效：清肺化痰、益氣養陰，可預防呼吸道疾病。

潤肺湯

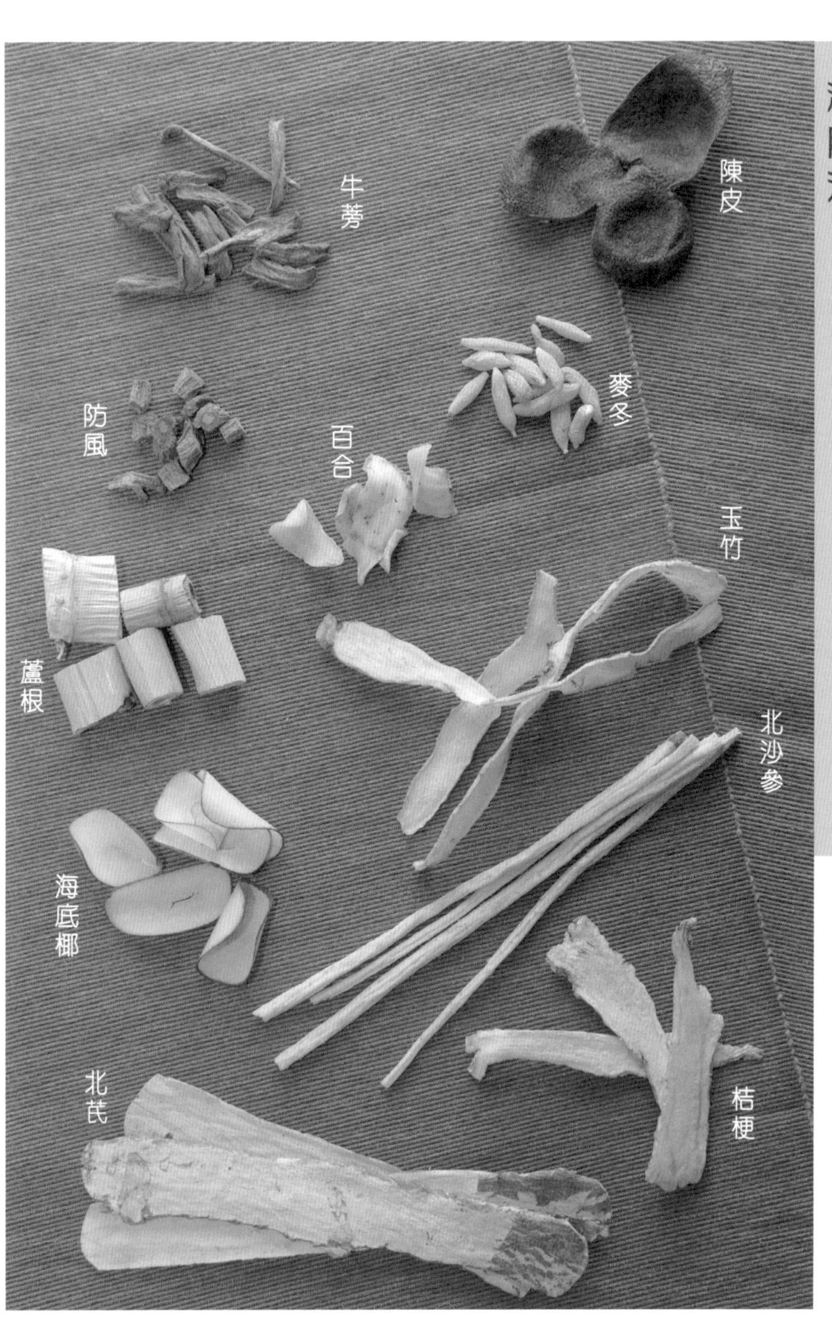

中醫抗疫小錦囊

曾經唸中醫的朋友Kadora傳來「中醫抗疫小錦囊」，說希望與大家分享，也希望在這方面略盡綿力。

一、如何得知自己、家人或同事感染了Omicron？應該出現這些徵狀：喉嚨痛、肌肉疼痛、流鼻涕、鼻塞、頭痛、發燒、疲倦、噴嚏。說到底，請保暖不要着涼，並要有充足休息。

二、在甚麼情況下需要送院？情況包括了氣喘、咳血、暈倒、血氧低於百分之九十四、神志不清、皮下出血（醫師建議：輕症的則盡量留家休息）。

三、多飲預防湯水。包括：

羅漢果茶：陳皮兩片、羅漢果半個，煲水當茶飲；有清熱潤肺、化痰止咳、預防呼吸道感染之效。

夏枯草茶：夏枯草三十克、片糖適量，煲水當茶飲；有清肝瀉火、解毒之效。

蘋果雪梨無花果湯：鴨嘴雪梨三個、蘋果三個、無花果六個、南北杏二兩，煲成湯水；有潤肺化痰、止咳之效。

淮山薏米芡實粥：淮山三百

夏枯草

克、薏米五十克、芡實五十克、白米一百克，煮成粥；有健脾補肺之效。

祝大家健康順心，處變不驚。

羅漢果茶

上呼吸道滋潤湯

根據香港衞生防護中心的呼籲，如果大家不加緊注意健康以防疫症橫行的話，疫情有可能會繼續擴大至不可收拾的地步。為己為人，防疫是必要的。所以日常的飲食、衞生等不能不多加留意。今日為你推介一劑對上呼吸道有保養作用的美味湯水，希望對你及家人有所幫助（我家一個星期飲兩次）。

材料：

包括，排骨（兩條斬件。先用粟粉或豆粉洗乾淨，再飛水）、去核大紅棗（又稱狗頭紅棗）二十顆、紅蘿蔔（兩個，細的則三個，切件）、蘋果兩大個（去皮去核、切塊）。

做法：

將材料（除了蘋果）全部放入鍋中，加入清水八碗，大火煲滾後，轉中火煲二十五分鐘，加入蘋果後再煲十五分鐘。即可飲用。不必加入海鹽調味，因為已經好好味。

紫菜遇上雞蛋黃

有讀者問，對新冠肺炎痊癒的後遺症，如疲倦、情緒低落、腦霧、失眠、便秘、頭痛頭暈、耳鳴等，可有天然又營養豐富的食療提供？當然有。我建議一個星期飲用一次的「紫菜蛋花湯」。平日亦不妨以紫菜作為零食。

明朝李時珍《本草綱目．菜四．紫菜》（集解）引孟詵曰：「紫菜生南海中，附石，正青色，取而乾之。」紫菜的魅力，有説法一連五日吃一大片紫菜，血管會年輕六年。研究發現常吃紫菜能加強皮膚彈性與光澤，防止皮膚長斑、痕癢及色素沉着。日本人長壽、無斑，與他們差不多每餐有海藻類食物如紫菜有關。

紫菜富含食物纖維，預防便秘，維持腸道健康，把致癌物質排出體外，有利預防大腸癌。紫菜富含EPA和DHA，能有效地延緩衰老，而且含豐富的膽鹼成分，有增強記憶、改善記憶衰退（腦霧）的功效，又含豐富的蛋白質、碘、磷、鈣、鐵等元素，不但有助治療婦女及兒童的貧血症，也促進兒童和老人骨骼、牙齒生長。

至於雞蛋，蛋黃是卵磷脂的重要來源。卵磷脂是生命之基本要素，擁有人體所需的氨基酸，能防治老人癡呆、增強免疫力、預防心血管風險，使皮膚亮麗、保持記憶力不衰退……雞蛋遇上紫菜，兩者果然匹配！

CHAPTER 3

排走毒素，強健身心

平日，我習慣拉筋舒展筋腱，使氣血暢通，來個深層呼吸法，又或吃杯黑芝麻粉乳酪，為自己掃走體內毒素。沒有累贅的廢物，免疫力強壯了，肌膚自然更亮麗有光彩，自信心也增添不少。那心靈呢？別讓抑鬱、負面情緒影響生活，身心擺脫毒素的枷鎖，活出燦爛人生。

ON
ATTITUDE

消除濕氣精神好

遇上頸椎瘦痛、疲勞，許多人會在花灑浴時，利用水壓和熱力把蓮蓬頭對準痛處沖，某程度上也是可紓緩的。但提議用風筒的熱風來紓減頸椎痛楚的按摩師表示，她不贊成這個方法，因為怕積聚太多水氣，會令身體濕重，弄巧反拙。尤其春天這些日子，更是潮濕季節。

忽然想起，小學時代已經琅琅上口的「春天不是讀書天」，因為春天是個濕笠笠的季節，弄得許多人都有濕重的現象，影響所及，人會出現精神差、整日昏昏欲睡、疲倦、腹瀉、胃口差等。而整日坐在辦公室、不曉得每個小時做些伸展活動的上班族，最容易雙腳出現水腫情況，那是由於濕氣沉重向下流的緣故。

這段日子必須每日保持適量運動來排汗，並必須每天吃一些可以利尿祛濕的食品。以我的經驗，當然是有皮膚守護神之稱的薏米。為方便起見，薏米粉是最

好的，但一定要買純正的，每日一大茶匙已足夠，可以放入湯、粥、奶茶、果汁等飲品內，拌勻飲用，由於無味，是以不會破壞食品原味。

從拉肚子到延緩衰老

關於便秘，有人打趣說食辣椒啦！還要是大辣那一種，擔保拉肚子，來個宿便大掃除。這不是笑話，是真的，但不是每個人都會有這種情況出現，要看個人的體質。

一位腸胃科醫生說，那是由於辣椒刺激腸黏膜，導致腸黏膜的蠕動加快所致，這是一種正常的人體生理反應。辣椒含有的辣椒素進入腸道後，會刺激腸道細胞、刺激胃腸道黏膜，使其運動功能產生紊亂，於是出現拉肚子。尤以腸道敏感的人士最容易拉肚子。

對於那些不是為了掃除便秘而又愛吃辣椒的腸道敏感人士來說，如何才可以避免「食完辣椒後拉肚子」這個情況呢？專家提議，吃辣椒（總之是吃辛辣食品）之前，先喝半杯牛奶。原來，牛奶的蛋白質可以在胃腸道形成保護膜，也可以包裹在辣椒的外面形成保護膜，減少辣椒本身對胃腸道的刺激。

我的許多朋友都愛吃辣椒，生的、熟的都愛。有研究指出，辣椒營養豐富，多吃辣椒能使微血管擴張，促進血液循環、止痛散熱、提高免疫力，並且有預防動脈硬化、延緩衰老及美肌美容的效果。

預防腎石的法寶

近年很愛飲水，特別是白開水，之前是不愛這個「飲品」的，只是吞服藥丸時，才會喝掉一滿杯白開水。後來聽說腎病是家貓的主要死因，之所以得此病症，是家貓都不愛喝水；然後又聽說我們人類之所以得腎石，令腰部痛得死去活來，也是因為缺水。這才猛然驚覺，水對身體是何等重要。

喝水掃腎石

專家說，所有脊椎動物，其身體內因為新陳代謝所產生的廢物，都由經腎臟轉化成尿液，再透過尿道排出體外，是以一定要多喝水，才可以多排尿。多喝水不但可以預防腎石，還能減輕腎臟的負擔；而另一個好處，就是可以稀釋尿液的濃度，同時為腎臟做着最好的保養和保障。

那麼，腎石是如何形成的呢？當我們自食物中吸收鈣質後，這些鈣是需要有足夠的水來分解、輸送、排除的。如果缺水，鈣就會積聚在腎臟而成腎石。此外，我們的身體一旦水分不足，排尿次數自然減少，尿酸變得過濃，會造成鈣沉澱，久而久之，就變成腎石。因此，多飲白開水最有益。即使睡眠中途起床排尿後，也該飲杯白開水補充體內水分，才再去睡覺。

淋巴是健康守護神

當有細菌、病毒入侵時，從骨髓中製造的淋巴球，就扮演了「抵禦外敵」的角色，發揮了消滅、防禦病菌的作用。人體健康最大的威脅就是毒素，而淋巴就是清除身體毒素的武士。

如果頸部淋巴運作正常的話，能讓你：

一、擁有優質睡眠，改善暗啞皮膚。

二、防治肩周炎、肩頸疼痛、預防記憶力減退。

三、預防腦部循環出現問題及供氧不足。

四、預防腦部退化。

五、改善雙下巴，令下顎不會走樣。

因此，每日做頸部從上而下的按壓，不過二、三分鐘而已，已可為你的健康和皮膚帶來保障。

此外，有大量淋巴組織的另一個部位，就是腋窩。醫生認為，每日抽幾分鐘時間按捏腋窩，通過改善血液供應，刺激淋巴，則能改善心肺功能、提高消化能力，防治冠心病、心絞痛等。對婦女而言，天天用三、五分鐘按捏腋下，疏通淋巴，有預防乳腺疾病的功能。

記住，按捏時力度要適中，指甲要剪短，以免觸傷皮膚及血管神經。淋巴暢通不阻塞，則不痛不病。

甩掉腹部脂肪

有哪個女人，會歡迎擁抱自己腹部那團甩極甩不掉的脂肪呢？除了影響儀容、不能穿好看衣服時裝外，還會影響健康。專家提議有這方面困擾的人士，每天喝至少五百毫升白開水，讓新陳代謝速度提升兩成四，就能把身體的毒素和廢物排出，減少腹部脂肪囤積。坐言起行，今日就實行吧！

不要口渴才喝水

人體有七成以上是由水組成的，讓身體每時每刻有足夠的水分很重要，不要因為口渴才喝水，要培養自己有良好的喝水習慣。身體內要有足夠的水分，才能強化肝臟和腎臟功能，方能排出有毒物質。因為水參與了整個身體的循環，這就直接提高了身體的抗病能力。

現在剩下的問題，是甚麼時候喝水最好，以及每次喝多少最為妥當。我們一定要保持每日喝一千六百毫升白開水，剩下的就從其他飲食中獲取。早上起床後一杯三百毫升，中午餐前一杯三百毫升，睡前一小時一杯三百毫升，飲的時候不要一口氣飲盡，要兩到三口的慢慢飲用一杯。

白開水是最為適合人體的飲用水，因為煮沸後水質和水硬度獲得改善，它保存了適量的礦物質；此外，水也被醫學界視為最經濟的健康飲品。

保肝衛膽青春永續

一旦提及排毒就想起肝，也想起膽，想起小說中那些古代草莽英雄，左一句肝膽相照、右一句肝膽相照。我們身體內的肝和膽，也能相照嗎？

肝膽相照

原來是這樣的，肝有解毒功能、代謝功能、免疫防禦功能；此外，肝還有一個重要的功能，就是分泌膽汁，然後儲存在膽囊內。當要用來分解脂肪時，就會從膽囊中釋放出來，要知道，毒素通常會儲存在脂肪組織中。

膽汁是促進脂肪的消化分解，促使脂溶性維他命的吸收。它把食物中的脂肪進行乳化作用，可以中和部分胃酸，可見肝臟和膽囊是息息相關的，是相互合作的「夥伴」器官。

肝有個十分重要的功能，就是過濾血液和儲存血液。中醫認為，肝每晚十一時至凌晨三時之間進行這個「過程」，所以勸告大家，為了健康，最好在這段時間就得上床休息睡覺，並且要用平躺姿勢睡眠，這樣才可以讓「過程」徹底發揮作用，同時因為躺平，血液才不會逆轉到身體其他部位。肝功能失調的話，早上睡醒時仍會覺得疲倦、臉色暗啞偏黃，也直接影響到膽。

食療助排毒

假如我們的肝臟出問題，不但不能分泌膽汁，也不能解毒和排毒。我們吃進的東西，不管是一隻燒雞翼，還是一顆棉花糖、一杯水或者一粒止痛藥片，都必須經過肝臟的處理，連帶我們的壓力、負面情緒，再加上食物中帶有的毒素，都為肝臟帶來沉重負擔，因此，我們的肝臟絕不能出問題，所以話「養肝就是養命」。

專家一直都有提醒我們，每日必須有適度的運動以提高代謝，不可暴飲暴食。肝不好，人會覺得疲累渴睡，肝火上升而出現煩躁和憂鬱。此外，還會眼睛乾澀、體臭、口乾、頭髮一天不洗已經很油膩⋯⋯所以一旦遇到這種情況，就是排毒的時候了。

在飲食方面，我會推薦：

一、夏枯草煲片糖水（自家煲的才有效）以疏肝明目排毒。如果你是寒底，不妨加入半碗已浸泡裂皮的黑豆；如果你是熱底，可以加入一點黃豆。（份量和做法見第六十八頁）

二、紅棗水，能補氣養血保肝且有助排毒。

三、每天吃一大茶匙純正黑芝麻粉（可混在麥片粥或乳酪一起吃，很美味），黑芝麻粉有極高的抗氧化功能，可清除肝臟過多的自由基，保肝衛膽。

腹部按揉排毒功

這次與大家分享一個我十分喜歡的排毒方法，叫做「腹部按摩排毒法」，它的好處是可以坐着做（方便坐辦公室人士）、可以躺着做，也可以站着做；師父説，行着一樣可以做（邊行山邊按摩腹部）。

我們現在以坐着方式做：用左手叉腰（拇指在前，四指在後），右手從胃部開始向左下方按揉，經小腹、右腹，然後還原於胃部為一次，共按揉三十六次。接下來，右手叉腰（如前述），左手依前述動作按揉三十六次。即是，方法同上，方向相反。如果是仰臥式的按揉，則不用一手叉腰。

按摩時，要放鬆身體、力度適中，若過飢過飽、極度疲勞或情緒不穩定，都不適宜進行。只要日日堅持長期按揉，可以增強胃的消化功能，促進大腸蠕動，防治便秘的發生。做這些健體美顏養生「功課」，一定要有恒心，不能一曝十寒，結果前功盡廢，打回原形。

我提議每日做三次，早上起床躺在床上做一次，中午在辦公室（午飯前）坐着做一次，到晚上臨入睡前躺在床上做一次，這是一個既簡單易做又功效顯著的排毒功。

排毒先排便

因為疫情遲遲未退，令大家對個人衛生、環境衛生有了更大的關注，而排毒這個概念亦迅速地流行起來。

究竟甚麼是排毒呢？運動時的出汗是排毒，排尿、排便、放屁也是排毒。要清除身體內的毒素，首先是不能有便秘。天然美容專家一致認為，宿便是皮膚的大敵；養生專家也認為，便秘（把宿便留在體內）是眾病的根源。

因為宿便含有很多毒素，沒能把它排出體外，結果毒素在體內興波作浪，令人出現頭痛、體重增加、口氣混濁、面上出現色斑、不能集中注意力、失眠、爆暗瘡、情緒不穩定等。為甚麼宿便會令體重增加，變了肥胖人士呢？

原來，宿便的堆積會造成多餘的脂肪無法排走的同時，廢物還會沉積在腸壁，在腐敗菌的作祟下，產生大量的氣體令腹部體積增大，腹圍加大，令腹部肌肉鬆弛。腹壁在吸收時，是不曉得分辨好壞的，這就連同毒素一起吸收，再經由血液循環而遊走到各個器官去。毒素因此侵襲了各器官，令它們的正常功能受到破壞，抵抗力、免疫力下降，百病由此而生。

紅菜頭的莖和葉是寶

我有進食紅菜頭的習慣，對紅菜頭有興趣，是因為聽說它對人體有千百樣好，除了抗氧化延緩衰老（這點好吸引）之外，還可以降膽固醇、穩定血壓、提高心臟循環功能、淨化血液、防癌、減肥、補血、護肝及提升免疫力等等，簡直就是青春長駐的護身符。

眾蔬菜中應數紅菜頭的葉酸最豐富，一百克的紅菜頭約含一百零九微克的葉酸，是人體每日所需的二十七個巴仙，而且葉酸被認為可以改善男性精子的質素。

中醫則認為紅菜頭有護肝解毒、益氣補血的功效，並且可以減少肝硬化的風險。我認為女士不妨多吃，因為有助補血、抗衰老呀！

我買紅菜頭必定選擇有莖有葉的那種，因為我會用這些莖葉來煮一鍋馬鈴薯番茄豬腒湯。營養師稱這些莖葉是寶，原因是它的食用纖維含量高，同時它所含的鐵、鉀、鎂、維他命A和K都比紅菜頭高，不但是腸胃的清道夫，也是皮膚的守護神。

除了煲湯，我通常會用紅菜頭榨汁，每次用半個，有時加入蘋果一個，有時則加入西芹；間中做沙律時，都會把紅菜頭切粒加入。不過，並不是日日飲或食，因為仙丹都有中毒時，每事每物都有正反兩面，均衡而為之最實際。

紅菜頭的天然色素

然而，糖尿病患者、腎病患者就要遠離紅菜頭，因為紅菜頭糖分高，不利上述病患。由於紅菜頭比較寒涼，所以對脾胃虛弱及氣虛人士（例如常常面青唇白者）和孕婦都不太適合。

有一點大家要注意的是，某些人吃過紅菜頭之後，尿液會變粉紅色或深紅色不等，據說在缺鐵的人群中最為普遍。不知就裏的人，會因而大驚以為患上血尿症，查實乃虛驚一場，那是由紅菜頭中的甜菜鹼導致的，這是水溶性含氮的天然色素。

黑芝麻粉與排毒

如果你每日三餐食量正常，但有入無出，即是兩天以上不排便，就是便秘。食物殘渣留在體內，會變質至腐爛而產生大量毒素。專家指出，食物殘渣在大腸內停留時間過長的話，糞便的水分就會被大腸逐漸吸收而變得乾硬，它們會破損大腸、直腸和肛門，因

黑芝麻粉與乳酪

此，保健與人體腸道的清潔是不能分開的。

解除便秘的方法，除了適量運動外，就是每天要吃新鮮蔬菜和水果，每日最好養成晨便的習慣。因為早上一覺醒來時，是人體大腸蠕動最快的時刻，大清早

能夠把昨天的食物殘渣全部清零，心理上會感到很愉快，而生理上亦會感到輕鬆又清潔。

記住，久坐多病，若你必須每天處理案頭工作，每隔一至兩小時就應站起身活動一下，例如上廁所、伸懶腰、做深呼吸、用小木梳梳頭，到茶水間飲杯茶提提神，或者做個直腿彎腰收腹三十秒的拉筋，都是令大腸蠕動的好方法。不過，如果你能每天吃一大茶匙純正黑芝麻粉（可以混在乳酪一起吃或空口吃）就更加好了，不僅通便、強化血管、保護心臟、養髮兼且美顏，我是每日必吃的。

簡易減肥法

食店晚市重新「啟市」，我城又再次活躍起來。久違了的好朋友抓緊機會重逢，都說恍如隔世。我的好幾位女性朋友沒見才一年多，竟然比神隱前亮麗窈窕了許多，本來礙眼的胃腩、肚腩統統不見了。

還未開口問原因，她們已經急不及待搶着說，是拜社交距離和禁足所賜，為人為己，大家都謝絕見面，免得不小心把病毒傳播。於是，除非必要，都留守家中自煮自理，日日家常便飯，必然少油膩去味精，愈簡單愈稱心。同時，又可以趁此良機，隨時展開連續的減肥大計，不怕被忽來的飯局打斷計劃。減少了應酬，多了 me time，還可以日日上運動場跑步、曬太陽、拉筋。

其中一位好朋友說，她因此減了十磅，用的方法是連續兩個星期不沾澱粉質食物，如米飯、麵包；至於其他食品，如肉類等，則如常進食，但會多吃綠葉蔬菜和飲白開水。減磅後的她，去除了從前的臃腫，面部輪廓分明，心情大樂，自然容光煥發。她說自己現在即使重新吃飯，也只限制吃三分一碗，讓飯氣為她保持必要的營養。這個方法適合你嗎？

乾隆如何為呼吸道排毒？

我每晚在運動場上跑步或急步行之前都會做差不多三十分鐘的拉筋和深度呼吸作為熱身。所謂深度呼吸就是為呼吸道排毒，增強抵抗力把各種疫症拒之體外。

我做的這一種名為——吐濁納新：挺胸站立，雙手自然地分垂兩側，收心，調整呼吸。開始先用嘴慢慢地「呵」氣直至把腹中氣「呵」盡。接着吸氣直至把氣吸盡。如此這般做三次。早晚做或遇上不開心時就做，既可為呼吸道排毒又可以解鬱悶，讓自己冷靜下來不會衝動地行事。

這個一「呵」一吸的主要作用是清潔血液、令循環暢順、促進新陳代謝。這是佛門的健體功夫，清乾隆帝最愛的運動之一。乾隆每晚批示奏摺之後已經疲累不堪，但仍堅持到花園進行此吐濁納新功。聽講每每超過一個時辰，主要原因是用的體力不大已能輕輕鬆鬆寧神健腦康體。

①用嘴巴呵氣。

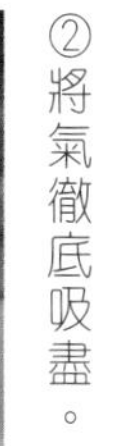

②將氣徹底吸盡。

通則不痛

我們常說：「頸椎不好，百病生」，看似老生常談，但各位一定不能掉以輕心呀！「頸椎不好」這四個字，首先讓我們想到頸椎痛，不過，今日要分享的，是慢性頸椎痛，即是低頭族最常遇上的，或是因為老化的原因所造成的一種都市病。

頸椎痛會令患者出現手痺無力、頭痛、頭暈、耳鳴、鼻塞、畏光、下肢無力，甚至大小便失禁。有一種頸椎痛最常發生，叫做肌肉頸椎痛，原因是「瞓捩頸」，幸好來得快去得快，只要給予適當的按摩，疼痛就會消失了。但如果你常有這個情況出現的話，可能是頸椎出現退化之故；當然，長期睡覺姿勢不良，也是成因。

而慢性頸椎痛的成因，當然要指向各位低頭族了。從事案頭工作的，不僅經常低頭，還久坐不動，加上坐姿不正確、蹺腿、缺乏讓肌肉得以放鬆的運動，自然令血液循環不佳，於是引致肩頸膊痛。為了消除這些疼痛，定期去接受按摩是一個辦法。

要是感到非常不舒服時，一位按摩師傅教路，用熱風筒以微熱風對着頸椎位置吹，讓熱氣促進血液循環，通則不痛呀！我自己則是每一小時離座做點拉筋，用手按摩頸椎二十次，晚上則做舒展四肢、頸椎運動。

豆類食品與放屁

讀者丁問：「為甚麼食豆類食品後，會出現胃氣脹，甚至放屁的情況？」

差不多所有豆類都富含植物性蛋白質，營養成分高，它們含有豐富的維他命、礦物質及微量元素，進食後會有飽足感。

但豆類含有豐富的纖維質和寡糖，一旦腸道酵素無法完全消化這些碳水化合物時，就必須交由腸道細菌來分解，而這些成分就會在腸道發酵，結果就是出現放屁。至於胃氣脹的氣體，則來自細菌的發酵。

要避免吃完豆類食品後出現上述情況，就要先把豆類用水浸透，至少浸一個晚上讓豆皮出現破裂，這時候，豆中大部分寡糖會給除掉，問題亦會迎刃而解。寡糖雖然具有難消化的特性，不容易被胃部和小腸吸收，但可直達大腸成為乳酸菌。而且它可以重整腸道環境，降低毒素，強化肌膚的新陳代謝，令皮膚回復光澤有彈性。

《黃帝內經》寫道：「五穀宜為養，失豆則不良」，豆類是延年益壽的養生食品，可以防癌、降血糖。最健康的食用方法，是每天只吃十粒，不管花生也好，黑豆也好，不過也要按體質而定。

薑和蜂蜜一拍即合

讀者陳先生問薑粉的食用方法。他在電話那一頭第一句就說，中醫師說日日食薑粉無益，而且可能有害。我問他，如何吃法？他說，每日淨放半茶匙薑粉入口，然後慢慢吞嚥。吓？我給嚇了一跳。各位你看，這樣食法，好人都會吃壞。

我再問他，是否腸胃暢順？他說自己一直被便秘困擾，好辛苦。但聽了中醫師勸告後，再沒有這樣吃薑粉了。他又說，知道薑是抗氧化、增加免疫力高手，可是那位醫師卻沒有教他，如何吃才是合理。我說，我會在專欄答覆他的問題，順便與其他讀者共享。

薑粉的食用方法，最好當然是早餐後飲，飲的方法是加入蜂蜜水中。首先把小半茶匙份量的薑粉，放入麥克杯（Mug）中，沖入大滾水，攪勻。待薑水變溫後，放入一大茶匙蜂蜜，攪勻，即可飲用。薑屬熱性，蜂蜜屬寒涼，二者混合正好中和彼此的短處，而成了人體健康的佳品。

薑粉及蜂蜜

又有人問，可否加入紅糖代替蜂蜜？紅糖屬熱性，加了薑，即是熱上加熱。你的體質受得了嗎？

自製黑豆茶話咁易

商務印書館的黃振威博士來電問：「如果自己用黑豆來烹製黑豆茶，應如何入手？例如黑豆的份量等。」

我答他容易至極，只需將一飯碗份量的黑豆洗淨後，加水浸泡至豆皮裂開（通常一個通宵已經可以），用意是令黑豆軟身，烹煮時不必花太多時間浪費柴火，同時能提高黑豆中營養的消化吸收率。而且，用清水充分浸泡過至破皮的黑豆，能減輕豆腥味，也把植物中含有的天然毒素淡化，一旦把黑豆煮熟至入口綿密程度，皂素也不復存在了。

烹煮的方法也很簡單，把浸泡過的黑豆放入鍋裏，加入十碗清水，大火煮滾後，轉中小火慢慢熬至黑豆腍熟了，它的湯就是黑豆茶了，湯、渣分別盛放。

黑豆茶每日喝一杯，便足夠了；其餘的，放進雪櫃裏逐日飲用。

　豆渣可以翻煲一次，用三碗冷開水煮二十分鐘便可以了。翻煲的黑豆茶也是盛入瓶子裏，逐日飲用，或可以與朋友、同事分享。飲時不必加糖或鹽，黑豆茶能祛濕潤燥、解毒益陰，是時候飲杯黑豆茶了！

浸泡一晚後的黑豆，外皮會裂開來。

簡便的腸胃大掃除

我們三個久未見面的好朋友，坐在 Rosewood 酒店的彤福軒，美景美食當前，尤其那件以雲南菇菌代替冰肉（傳統金錢雞的靈魂，即糖醃肥豬肉）並配以鵝肝的金錢雞，非常精采，卻不忘交換減肥心得。

Fiona Wan 已經夠窈窕，實在沒有「資格」參加減肥班；Jane Ha 就的確肥咗少少，減吓肥都應該，她是長久坐着工作缺乏運動的女士之一。我算是適中，卻又不入瘦類，但亦不能掉以輕心，一個不留神本已減去的多餘磅數，很快又會反彈。

Fiona 活潑好動，一會兒瑜伽班，一會兒又話去浸冰水深呼吸，總之減肥話題一打開，用盡方法叫停都叫不住。我們發現，食紫菜是有效的減肥消脂方法之一。有朋友凡是週末就吃高蛋白、低卡路里，兼富含碳水化合物的紫菜當零食，或者白飯加紫菜加芝麻粉，不消兩分鐘就會拉肚子，他們稱之為腸胃大掃除。

因為紫菜能促進腸胃的蠕動，而芝麻則富含氨基酸、食物纖維和礦物質，是促進排便的好幫手；如今，雙劍合璧自然水到渠成。Fiona 和 Jane 都是紫菜和芝麻的擁躉，立即表示會依計行事，我當然也不甘後人。大家都說減肥是今日女性時尚活動，原來是真的！

祛除肩頸酸痛容光煥發

「人體的衰老從肩頸開始」。中醫學認為氣不行則血不暢，血不暢則水不流，水不流則毒不排。肩頸酸痛、僵硬、水腫肥胖是都市人健康走下坡的現象之一。那是由於毒素堆積之故。因人體循環是從上往下的，肩頸是人體十字路口，毒素首先堆積處是肩頸。毒素堆積，壓迫血管，使血液無法順利輸送到頭和面。令頭部供血不足致頭暈頭痛、偏頭痛；大腦供氧不足致疲倦、記憶力減退、睡眠質素下降、面色暗黃、長斑、掉頭髮、未老先衰、百病叢生，提前進入更年期。

教你排毒、通淋巴、去水腫及紓緩肩頸酸痛僵硬的方法：

一、把右手放在頭上。吸氣，慢慢把頭拉向右邊；呼氣，重複六次。換左手做同一動作。一共做兩組，共二十四次，每日多次做。

二、用食指和中指並排，按摩頸部兩側肌肉一分鐘使其放鬆，每日多次做。

三、右手五指並用，大面積從上而下按摩整個後頸部一分鐘。換左手做同一動作一分鐘，每日多次做。

四、雙手垂直，肩膊往後轉十次，往前轉十次。此為一組，做兩組，每日多次做。

持之以恆。擔保你可睡個好覺，同時容光煥發，心情舒暢！

CHAPTER 4

養生小智慧，愛護自己

每個養生小秘方，都是愛的囑咐，愛自己，堅持下去。白米飯對氣虛體質的人有補益功效；背脊容易受寒，時刻適當保暖；咖啡渣是護膚的天然「寶品」……裝備自己，愛己愛人，在心靈上予以安慰，自強不息地迎接任何挑戰。

氣虛體質要食白米飯

澳門好友傳來短訊，說她今年四歲的兒子從小吸收不良，所以身體瘦弱。最近，她兒子更因為病毒感染入了醫院診治，雖然痊癒了，但瘦骨嶙峋，而在病發期間，脾臟更曾經出現腫脹。朋友問，有甚麼食療可以幫助調理，因為不想孩子長期食西藥。

我把這位憂心媽媽的問題，向一位本身是西醫、再唸多一個中醫學位的年輕醫生請教。醫生說，這孩子屬於氣弱體質，不妨久不久給他吃包括下列食材的湯水或餸菜，也適合全家一起食用。

這些食材都具有補氣、開胃健脾、補腎的作用，例如：人參、花旗參、黨參、太子參、靈芝、淮山、北芪、馬鈴薯、海底椰、紅蘿蔔、大棗、番薯、南瓜、栗子、白米等。

自古以來，中國人都很重視孩子肯不肯吃白米飯，都是又哄又罵，為求孩子每餐都有米飯落肚。最愛説：「唔食飯唔會長高、會瘦蜢蜢唔靚仔（女）。」因為白米容易消化，能補充脾肺之氣，提供能量，讓腸道蠕動有力。白米乃甘涼之物，能中和燥熱的腸胃系統，使糞便軟硬適中。

改善氣虛之運動

氣虛之所以形成，當然是先天不足、後天失調。先天因素是母親在懷孕期間，由於妊娠反應的影響，導致未能吸收充分的營

栗子、淮山、花旗參、太子參

養，或者父母其中一方屬於氣虛體質者。至於後天的因素，可以是營養不良，例如三餐不繼、為了減肥而過度節食。

此外，就是因壓力而造成的身心疲累，而情緒問題也是原因之一，例如過度的擔心、憂鬱，過度的悲傷和憤怒，都會令體內氣血紊亂、運行不暢，使肝氣耗損而出現氣虛。

原來用氣力過度都會影響健康，例如需要不斷說話的教師、推銷員、客戶服務員、搬運工人和建築工人。他們都要用氣或用力來工作，過度的話就會出事。那些因大病、手術而致身體元氣大傷的，也會形成氣虛。

至於調理的方法，始終是早睡早起、不捱夜、適當的運動最重要。運動可以包括：按摩、走路、太極、氣功等，都是不太猛烈但又能恰當地讓氣血暢順的功課。有所謂「氣隨汗瀉」，所以我們常說運動至微微出汗已經足夠，每天十分鐘的拉筋或氣功，讓氣血好好地運行，其實已經不錯；再加上所述的合適食材調理身體，就能改善健康問題，祝你身心康泰！

你會正確地量度血壓？

收到一條有趣的問題，問關於量度血壓在甚麼時段最合適？當然，在一般情況下，量度血壓每日一次，已經足夠，而醫生説，應該是睡醒後的早上。但現在的關鍵點是，讀者問，該在早餐前還是早餐後？

睡醒後立即去量度血壓，結果不能作準，因為這時段很容易出現血壓升高的現象。原因是我們睡覺時，血液處於一種平衡狀態，到起床後，全身的血液即進行新的迴圈平衡，而各個血管的狀況不一，有粗有幼，這時段去量度血壓，正正遇上血壓處於運動的狀態，出現偏高現象一點也不出奇。

如果你並不急趕着出門的話，可以如常地吃完早餐、如常地做完晨起清潔程序，心不躁、氣不浮，此時血液的平衡狀態已經重回正軌，心腦血管內部的氧氣也得到補充，在此時進行血壓量度，是最適合的。

慎防血壓超標

在家裏自行用血壓計來量度血壓時，要遵守的事項除了是早餐後靜待三十分鐘（這段時間內不能吸煙、飲咖啡），還得讓自己靜坐五分鐘，讓心情平和，排光尿液，坐在有靠背的椅子上，不要蹺腿，不得穿厚重長袖衣服外，測量的手必須有穩固的支撐、壓脈帶高度要跟心臟同高，約為胸骨中線、兩側乳頭連結高度。

測量時要靜待着，不能移動身體或綁有壓脈帶的手臂。醫生也提醒，使用左手或右手都無所謂。但每次都要測量兩次或三次，相隔的時間至少一至兩分鐘，然後採其平均值。

想知道自己是否有高血壓，除了常有頭暈、頭痛、頸梗、易疲倦、易煩躁、注意力不集中等徵狀外，請檢視自己的身材是否超重型、肥胖型，又或是否飲酒過量，同時有吸煙習慣，兼且終日坐着缺乏運動。如果都中了，請你先戒煙酒，減肥、節食，改用清淡飲食，常做帶氧運動、拉筋，同步也要尋求醫生協助。

衛生防護中心提醒大家，高血壓是一種慢性疾病，一般成年人的上壓和下壓最好維持在一百二十及八十毫米水銀柱的水平。

經絡疏通容光煥發

我跑步之前必做拉筋，一般都要三十分鐘，主要是讓肌肉得到舒展、柔軟，做劇烈運動時，如跑步、踢足球、游泳等，就不會出現扭傷或拉傷情況。拉筋時，所拉的不是「筋」或韌帶，而是肌肉的肌腱和部分的肌肉收縮組織。

近年，內地熱捧「筋長一吋，延命十年」的理論，以鼓勵大家運動，拉筋這玩意就給注意起來了。不過，大家請注意，在極度疲勞下，則切勿拉筋，否則會容易導致抽筋。

在整個拉筋過程中，我最重視腿部拉筋，是以所用時間亦最長，然後迎着風起跑，格外醒神。腿部拉筋，可以有效增強韌帶和肌腱的強度，使下肢的關節更加穩定，防止拉傷。許多女士不愛跑步，怕小腿變粗，但只要跑步後做適當的腿部伸展，問題就給解決了。而且，天天做腿部拉筋能為健康加碼，健康不是比腿變粗更加重要嗎？

中醫認為，人的腿部分佈了六條經脈，包括肝、膽、脾、腎、膀胱和胃，通過拉筋的張力，可以在某程度上清除這些經絡中堵塞的垃圾，使經絡暢通，為壽命買個保險。經絡得到疏通，人自然容光煥發。

情緒低落與乾咳

朋友說，近日出現乾咳，喉嚨非常痕癢，問如何是好？

中醫稱之為燥咳，徵狀是咳嗽時沒有帶痰或痰量極少，但咳聲清澈，又稱為無痰的咳嗽。中醫師說，多由陰虛火旺或者是燥邪在肺所引起，常見於急性支氣管炎的初期、急性咽喉炎的初期，甚或是胸膜炎，輕症肺結核等。如果長期有乾咳，必須去看醫生做檢查。有一種叫過敏性乾咳，徵狀是伴隨着揉眼睛、搓鼻子、打噴嚏、鼻塞、流鼻水等等。乾咳這症狀可大可小，其形成的原因，專家歸納為以下幾項：

一、吸煙。氣管長期受到香煙中有害的化學物質的刺激。

二、患者有哮喘和氣管敏感。

三、長時間在講話，例如教師、播音員、售貨員，增加了令細菌進入喉嚨的機會，使喉嚨出現痕癢和乾燥。

四、長期進食刺激性食品，如煎炸的、濃味的、辛辣的、冰凍的，令食道不斷受刺激，出現了胃酸倒流，一旦胃酸進入呼吸道，自然就刺激了咽喉，形成乾咳。

五、長期捱夜，經常睡眠不足，日間呵欠連連，自然令情緒低落，導致自律神經失調、肌肉收縮，至使喉嚨痕癢，出現乾咳。

改善面黃靚湯

陳女士說自己面色一向不好，常被朋友笑是黃面婆。但健康正常，瞓得食得玩得而且很少便秘。多年來食維他命丸，目的希望改善膚色，但不見有效。問我可有良方提供。我的提議是：

常運動：一週最少有五天抽出一小時做拉筋和帶氧運動，如急步行（不少於二十分鐘），以促進氣血循環。

一週飲兩至三次「木瓜黃魚湯」，這是一劑代代相傳的專治面色枯黃的湯水（連飲一個月為一個療程，每次一碗）。

材料：

綠色大木瓜半個（小的則一個），黃魚一條，生薑四片。

方法：

先把木瓜去皮去籽，切成小件；

黃魚去內臟洗淨，抹乾水。放到煎鑊中用一湯匙純正野生山茶食用油煎至兩面金黃。

所有材料放入湯鍋中再放適量清水，大火煮滾後轉中火煮半小時，不要開蓋，焗至半涼，加幼海鹽調味飲用。

早生華髮

年輕讀者May今年十七歲，但已長出白頭髮，不得不按時定候去染髮。早生白髮這個現象，的確令她有點沮喪。她問點解？上了年紀的人有白髮，大家都知道是正常現象，是一種自然衰老的過程。但對於年輕人而言，就有點不正常了。

根據皮膚科醫生的解釋，主要原因是頭髮毛乳頭內的黑色素在合成過程中出現了障礙，無法把黑色素運送到頭髮中。一般是缺乏蛋白質、維他命和微量元素。蛋白質含有多種氨基酸，特別是酪胺酸，它對黑髮的生成起到重要的作用。

至於維他命，當以維他命B為主，如果身體欠缺維他命B_1、B_2、B_6，都會導致少年白髮。此外，缺乏銅、鈷和鐵等微量元素，也會是十來歲就開始長白髮的原因。這些欠缺了的維他命，可以在食物中獲得補充。但首先要記着均衡飲食，不得揀飲擇食。

富含維他命B的食物，包括：白米、燕麥、蕎麥、黃豆、黑豆、綠豆、紅豆、豬肝、雞肝、鴨肝、鵝肝、紅蘿蔔、番茄、菠菜、西蘭花、番薯、香蕉、橙、柑、奇異果、提子等。

秋燥潤肺蟲草花

一位長輩，人稱李媽媽的，九十五歲行動自如，每日清晨六時還去公園耍太極，如果有路人加入，她也無任歡迎。她也常常給她的子女、朋友，煮她拿手的上海菜，然後吩咐家傭給我們送上。如果不是耳聰目明、手腳靈活，怎麼可以有這等表現？

一日，大夥兒到她兒子家舉行燒烤聚會。我問她，平日有吃甚麼補品，如燕窩、蟲草、雞精之類嗎？她搖頭說：「從沒有。」不過，聽到我說蟲草這兩個字，即好整以暇叫我不妨多飲「蟲草花螺頭瘦肉湯」，尤其在秋涼的季節，有通喘潤肺的功效。蟲草花又名為黃金草，是一種寄生在昆蟲身上的真菌，也是一種食用菌，但卻常常被誤會為冬蟲夏草的花。蟲草花一般在乾燥後出售，口味類似蘑菇，有獨特香氣。它性質平和，不寒不燥，能養肺補腎、養精氣、滋陰養顏。

材料：

急凍螺頭四隻、蟲草花及黨參各半兩；淮山、蓮子、芡實各一兩；蜜棗四顆、瘦肉六兩。

做法：

一、把急凍螺頭解凍、去腸切半。

二、瘦肉洗淨、汆水。

三、清洗其他食材。

四、湯煲內注入三公升水，水滾後放入所有材料，大火煲滾後再煲半小時，熄火，焗半小時，再開火煲半小時，加海鹽調味即可。

片糖與皮膚

在記憶中，母親煲糖水用的糖，極少是冰糖（幾乎未見過），她用的是片糖。廚房裏的冰糖，只是煮餸時用以調味而已，所以家裏的番薯糖水、湯圓糖水、紅豆粥、綠豆粥、甜糯米飯都是褐色的，那是用了片糖的效果。就連煲夏枯草涼茶，她用的也是片糖。

這當然是因為片糖好處多，而且有東方朱古力的雅號，真係令人肅然起敬。文獻透露，片糖含有多種維他命和抗氧化物質，可以抵抗自由基，維護細胞的正常功能和新陳代謝。片糖有令肌膚不老的功能。何解？因為片糖中的氨基酸、纖維素等等成分，就是有保護和恢復表皮、真皮的纖維結構，以及鎖水功效，同時強化皮膚組織結構，維持皮膚彈性。

片糖從蔗糖而來，含有維他命B和無機鹽鐵，葡萄糖、果糖及多種單糖、多醣等能量物質。片糖進入人體經過消化、吸收後，會加速皮膚細胞的代謝，為皮膚細胞提供能量。母親的皮膚是挺好的，滑溜溜沒有斑，相信是拜食得片糖多的關係吧！我自己也是片糖擁躉，因為怕皮膚出斑呀！

「乾洗腳」以精神爽利

在這個恐防病毒相互交叉感染的非常時期，為了大家的安全，上班改在家裏，也不再有實體社交活動。雖然是暫時性的但也夠你苦悶的了。正因為如此，獨處的時間比往常日子多了許多。就趁這個空檔做些強身健體的運動和拉筋，以建造一個百毒不侵的自己吧！

避免久坐多病，請隨時做這個人稱「乾洗腳」的腿部按摩法。主要是疏通經絡、促進下身的血液循環暢順，防止及紓緩腰酸骨痛、睡覺中抽筋、消除水腫、增進積極情緒。

做法：

一、站立或坐着伸直雙腳。

二、用兩手掌緊握大腿頂部，然後向小腿推至腳踝（腳眼）。

三、接着，兩手朝大腿方向以適當力度按揉小腿、大腿，再由大腿向足踝推，然後往大腿方向按揉。如此重複二十次，另一條腿照做。每日至少做兩次，但也可以隨時進行，最好親手按揉。

滋補養顏醒腦湯水

鄰居陳太着家傭送來一大壺滋潤湯水，說最合秋天潤膚潤肺飲用，當然感激不盡。

中國湯水一定要趁熱飲，我也乘機研究一下使用的材料，它們包括了排骨、紅蘿蔔、蘋果和紅棗。怪不得口腔裏蕩漾着紅棗獨特的香氣，而加入了紅蘿蔔的湯水，說甚麼都能帶出其他材料的鮮味；同時，有了排骨的湯水，總有充實的口感，不嫌寡。

不過，這道滋潤湯水的重要角色，

應該是蘋果吧！有謂「每日一蘋果，醫生遠離我」，有科學家稱蘋果為全方位的健康水果，上天有好生之德，以至蘋果是世界上種植最廣、產量最多的水果。蘋果富含糖類、酸類、芳香醇類和果膠物質。當然也富含維他命B、C及鈣、磷、鉀、鐵，這些都是大腦必需的營養成分。

而維他命C，大家都知道它能有效地抑制皮膚黑色素的形成，可以消除色斑，增加血紅素。再者，蘋果中的果酸和抗氧化物能令皮膚潤澤細緻。

至於紅棗，有護肝、補氣、養血、強筋骨及養顏的功用，放一點在這個滋潤湯水裏，也有畫龍點睛的功效。

食好比睡好更重要？

這刻下班回到家裏，由於特別勞累，你只想即時上床好好地睡一覺；但發現你最愛美食就在飯桌擺開，那麼，你會選擇睡覺還是硬撐着去滿足口腹之慾呢？我提醒你一句，養生專家話：「睡好覺比吃好飯更重要。」

人一天兩天三天不吃飯沒關係，但要是一天不睡覺的話，體力和免疫力都會下降。所謂「過勞死」都是因為長期捱夜、長期體力透支，致令免疫力下降所致。專家又提醒我們，晚上最晚不要遲過十一時才睡。有口訣：陰氣盛則寐（入眠），陽氣盛則寤（醒來），子時（晚上十一時至凌晨一時）是陽氣弱、陰氣最盛之時，在十一時或之前睡覺最能養陰，睡眠質素也最好。

至於如何睡呢？有謂「睡如弓」，睡覺的最佳姿勢不是伸直的，而是如「弓」般睡，這樣可以減少地心對人體的作用力，讓人感覺睡得輕鬆舒適。而且應該右側而睡，因為心臟在左側。右側睡能減輕心臟承受的壓力。

最好能在早上六時起床，這時間有助於生發陽氣。如果有失眠情況，臨睡前半小時，請用艾粉加薑粉加熱水浸腳（熱水至腳跟即可），擔保睡得香甜。

你的背脊夠暖嗎？

當寒氣入侵我們的身體時，最先受寒的部位就是背脊，所以，到有冷氣的地方工作、開會、吃飯，我必定備有披肩一件作為保暖之用。

中醫學認為，背為陽、腹為陰，故全身的陽氣運行，都與脊柱有關。是以背部的一寒一暖，與肺腑的功能有直接關係。因此，有謂：「不可令背寒，寒即傷肺，會鼻塞咳嗽。」背脊固然要保暖，但平日的保養保護亦至為重要。

首先是伸展背部。這個動作在任何時間、任何地方都可以做。首先把兩隻手掌分別放在後腰，上身慢慢向後傾，去到一個極限停下，十秒後把身子慢慢回復坐直；又再重複先前的後傾動作，如此這般十次。這運動對長期坐着工作的人，有很大幫助。此外就是永遠要保持良好坐姿，不然背脊會出現痠痛，並且會患上腰肩疾病。坐着的時候，要盡量保持脊柱筆直，不要彎曲、不要傾斜。

假如長期無視背部健康的重要性，一旦出了問題，肝臟也會受到傷害。就算在夏天，出汗後毛孔張開，也容易導致風寒入侵，引發疾病。尤其患有風濕痛、支氣管炎、心血管疾病等人士，更要做好背部保暖。

真正的潤唇

我一直不贊成使用潤唇膏，主要理由是「唔work」，無論多名貴的潤唇膏，都未能真正做到潤唇效果。只聽到說，「一抹上口唇，就有光潤潤的效果」，但不夠二十分鐘又得再抹一次。不僅解決不了唇乾欲裂的現象，而且還出現甩皮情況。所以，在冷天總見到小孩、大人整天在搽潤唇膏。

在冬天，我的口唇並無乾裂這個問題。因為台灣一位天然護膚專家，在許多年前已教曉我用一個十分有效的護唇方法。不然，我也會跟一般人一樣，久不久自化妝袋或者衫袋掏出一枝潤唇膏，為嘴唇環繞一周的搽一次。

我的方法是，用來自太平洋海洋深處的美肌幼食鹽加點水，每晚洗面時，順道抹幾次嘴唇，包括用來按刷有黑頭的部位。如此這般，就可以一箭雙鵰。經過美肌食鹽摩擦過的嘴唇，不但變得滋潤無甩皮，就連帶本已因塗化妝品的關係，而變得豬肝一樣暗啞色的嘴唇，也會回復青春。

此外，也可以用天然海鹽（美肌食鹽），加一點椿花油來按刷嘴唇。天然海鹽本身含有豐富的礦物質，能消炎及去掉殘留在嘴唇上因化妝品而帶來的化學品。

天然幼海鹽是美肌護膚的法寶。

健肌・紓緩關節痛

有一個拉筋強化腿部肌肉的動作，我是每天早晚各一次練習的，因為不僅可令肌肉健康不萎縮，還可護腎護肝，紓緩腰骨痛、坐骨神經痛及膝部關節痛，這動作每次做不過五分鐘，就可以有這個效果了（我是長期練習的）。

方法：

坐在硬地板或硬床上，兩腿伸直合併，腳趾向上，兩手自然地放在兩旁或大腿上，先把腳趾往後（身體方向）扳，停一秒；把腳趾連腳掌往前扳，停一秒，重複此動作共三十下，扳動時要令小腿有被拉扯的感覺。

對於小腿容易抽筋的人來説，這個練習很有幫助；早上一次，晚上臨睡前一次，會令你整個人舒服，一覺睡到天明。

身體好，免疫力自然強，在目前這個人人自危的環境下，大家見面互相問好時，都會祝福對方百毒不侵。為了自己、為了家人朋友，健身養生是我們每日的重要功課之一。與其抱怨、詛咒、精神緊張、手足無措，不如善用時間來有系統地做些運動。拉筋最合這段「禁足」在家的時間練習，而且佔用地方小，亦可隨時隨地進行。

養生養顏必備

記得大概八年前，煤氣公司請來香港生產力促進局一位食油專家，來為會員們講解如何辨別對身體最得益的食用油。當晚專家利用了圖、文、表來介紹並分析每種食用油的優劣，並勸勉大家多看書、多用腦、多增進自己的common sense，別盲信各種宣傳，因為就算是學歷高、職位高的人，都會有愚笨的一刻。

專家說，對人體最有益的食用油，是黑芝麻油，可惜它的香

味特濃，狀態亦濃稠，不利煮餸用。無論如何，黑芝麻富含豐富的維他命、礦物質和纖維素，能補腎養腎、強腰健氣、烏髮、固本，而且還有潤腸通便、養顏的功效，更能緩解中老年人的心血管問題。

專家提議，為了養生、養顏，最好每日能吃一茶匙黑芝麻粉。它富含蛋白質、不飽和脂肪酸（比野生山茶食用油還要高）、纖維素、鈣、鎂、鋅、鐵、錳、銅、磷等，都是人體所必需的。它們可幫忙抗老化、降低患癌風險、改善消化系統、緩解便秘、穩定血糖，可令頭髮和皮膚更健康。黑芝麻粉也適合哺乳中的媽媽，可預防經前症候群和偏頭痛、促進骨骼健康、有益心臟、減少焦慮感。

失眠有得救

瞓倦地躺在床上，但睡不着，這是失眠。怎麼辦？相信你一定有過這個經驗吧！

我當然也經歷過此苦，腦裏一片渾噩，不能順利地思考，好想好想睡一覺，然而用盡千方百計，數綿羊、飲熱牛奶……仍然眼睜睜。心想與其浪費光陰，不如起床看書、寫稿或者執拾整理衣櫥，可惜就是提不起勁，覺得累。看着床頭時計一個小時一個小時地過去，再不瞌眼睡着，説時遲那時快東方就要露出魚肚白色了。

這是我經歷過不僅一次的失眠。某次又是睡不着的三更半夜，我撐起來煲熱水加薑粉浸腳十分鐘，用毛巾印乾雙腳後穿上棉褲子爬回床上，不消十分鐘就昏睡過去了。

不過，要夜半起床煲水勞師動眾，之後還得收拾一番，夜闌人靜，也是挺累的。後來，我終於試出了一個不麻煩的方法，不管怎樣的眼光光，都能好快地睡着了。方法是平躺在床上，雙手放在腹部，按着把心裏雜念釋出，一下一下的均勻地呼吸。好快，人就走進夢鄉，一覺到天明。

腹軟如綿百病不纏

如你又懶爬起床用熱水加薑粉泡腳，也可試試這個搓腹運動來。

整個身子躺平，兩手握拳，以不輕又不太重的方式來搓按腹部，兩個拳頭順時針方向搓一分鐘，逆時針方向搓一分鐘。搓呀搓，腹部有了暖和感，我也徐徐進入了夢鄉。從此之後，我就養成了每日做這個既養生又美顏的搓腹運動。

大家都知道，腹部是五臟六腑之居所，它們包括了肝、脾、胃、膽、大腸、小腸、腎和膀胱等等。老人家愛說：「腹軟如綿，百病不纏。」中醫學指出，六腑以通為用。所謂六腑暢通則五臟平安。甚麼是五臟平安呢？就是氣血充足。因為氣血充足則經絡暢順，並達致百病不生。

再詳細一點的說法，應該是：搓腹其實可以改善腹部和腸臟平滑肌的血流量，增加胃腸內壁肌肉的張力及淋巴系統功能，加強對食物的消化和吸收，改善大小腸的蠕動，預防及消除便秘，此乃良效之一。

加入南薑的潤燥化痰特飲

讀者鄺太回應我早前刊出的〈秋天的潤膚養肺飲品〉，說她也有一個孩子們都愛飲的潤燥特飲，希望在這裏跟大家分享。我當然歡迎也十分感激。鄺太的潤燥化痰特飲名叫「南薑蜜餞金桔茶」，南薑約一百克多、蜜餞金桔十多顆，二公升水煲約一小時，煲剩一公升多，三人份量。鄺太說煲之前要把南薑切片，材料份量亦可隨意，不必太拘泥。

南薑是甚麼？又稱為良薑，與普通薑很相似，但外觀上較偏紅色，質地亦較硬，辣中帶有甜甜的味道。

《本草綱目》記載南薑屬於溫和性食品。它含有的黃酮類植化素可以防止體內自由基氧化、減少炎症及改善血管功能。在東南亞食品專門店可以找到。

蜜餞金桔有防感冒潤喉止咳之功效；因為含有大量的維他命C之故。祝大家有個滋潤的秋天！

角質層原來是功臣

嬰兒的皮膚特別滑淨有光澤，因為他在母體時有胎脂的保護和滋潤，出生後角質代謝快速之故。但隨着年紀愈長，尤其到了成年，代謝機能變慢了，角質掉落的速度不及角質堆積的速度快，於是肌膚變粗糙了，令人看來比原有的年紀老許多。如果不加以清理，愈積愈多必然使我們的皮膚變得暗淡無光、乾燥、細紋湧現，跟臉如死灰差不多。

這就是我們要定期為皮膚去死皮的理由，但角質不是全無用處的，它有其存在價值，它是阻隔細菌、病毒入侵身體的功臣。假如少了它，皮膚頓時無遮無擋，忽然出現紅腫、痕癢、細菌感染的機會隨時出現。專家説，角質是皮膚的保護罩，但又不能讓它們堆積得太多，否則，會阻塞毛孔。因此，一個月為皮膚去一次死皮，已經足夠。

如果用天然的方法，就是用一茶匙幼砂糖加一茶匙椿花油調勻，直接抹到乾淨的面上、額上，用手指輕輕的打轉按摩一分鐘左右，用溫和的洗面液或肥皂洗面。用毛巾微微印掉過多水分，立即抹上能保濕、防曬的椿花油。皮膚一旦濕潤，乾燥、乾紋自然不會走出來。

幼海鹽、咖啡渣、椿花油是護膚「寶品」

我也有另一個去死皮的天然方法，每晚卸妝後（如果當日你有化妝），用一種叫卸妝潔面二合一精華露洗乾淨面部皮膚後，用幼海鹽（用粗鹽會磨損皮膚）

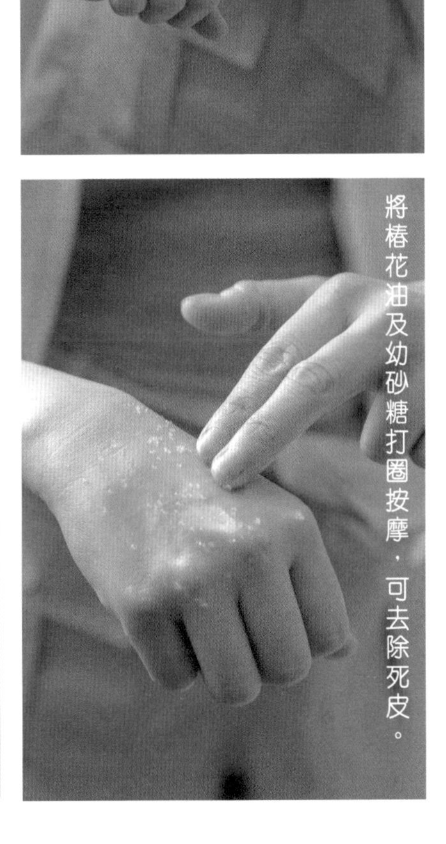

將椿花油及幼砂糖打圈按摩，可去除死皮。

加適量椿花油全個面部輕輕磨砂一下。這是一個去死皮的上佳天然方法。

或者用咖啡渣加適量椿花油來輕輕磨砂也是一個十分好的選擇。日子有功，你必會重新擁有一張充滿光澤、生氣勃勃的臉。

海鹽擁有皮膚所需的各種礦物質，例如鈣、鉀、鎂、鈉等，並能深層清潔毛孔，平衡油脂分泌，消滅細菌，減少粉刺與青春痘的生成。同時能夠保濕延緩肌膚的衰老。

咖啡渣加椿花油磨砂可以去角質層、美白肌膚、清潔毛孔。椿花油是一種與皮膚細胞成分十分接近的護膚「寶品」，是以吸收快不油膩，既可去斑亦有防曬、治療灼傷皮膚的功效。

咖啡渣、椿花油、幼海鹽

善用蜂蜜保安康

不知甚麼時候興起的習慣。一俟腦筋轉不過來，或者整個人煩煩悶悶的，我就會沖一杯蜂蜜水，慢慢地一口一口的飲着、思索着，設法讓腦筋清晰過來；情況就像電影裏的一些角色，手握酒杯，在葡萄酒裏尋求答案。

在思考問題時，有人會喜歡飲酒，我則選擇蜂蜜水，一來不怕會喝醉，二來感到喝後頭腦會較為清醒。因為蜂蜜能迅速地消除疲勞、補充體力、增強免疫

力。蜂蜜不但能夠促進心腦血管的功能、改善血液的成分，更可以護肝、促使肝細胞的再生，以及抑制脂肪肝的形成。肝臟健康，眼睛自然明亮，因為中醫學認為肝主目，肝好的話，眼睛自然好。

蜂蜜又有殺菌功能，經常食用蜂蜜，能幫助口腔殺菌消毒，但不會傷害牙齒。蜂蜜更能治療中度的皮膚灼傷，是傷口的守護神，它使細菌無法生長。若要潤腸通便促進消化，蜂蜜也是好幫手。蜂蜜也能幫助解決失眠問題，你可以試試臨睡前喝一杯蜂蜜水，然後靜靜臥在床上，有節奏地呼吸，說時遲那時快，你已經進入夢鄉了。

蜂蜜水能讓腦袋清晰過來。

你適合進行急步行？

疫症橫行這些時日，少了應酬多了運動時間，結果是人人愈來愈注重健康。衞生防護中心鼓勵大家每天運動，尤其是急步行這種簡單又安全且最有效促進健康的運動。但有些事項，是需要注意的。

一、急步行的時間不能少於十分鐘，最好是每天維持三十分鐘。為減低受傷機會，開始時先以較慢的速度進行，習慣了才增加速度。

二、選擇的路徑要安全。最好在緩跑徑進行，繞着路徑急步行，因為這些專業地帶的路面平坦乾爽、燈光充足。

三、急步行時要穿上專為步行而設計的運動鞋及棉襪子。

四、急步行時要挺直身子。我同時會收緊腹部，腳跟輕輕着地，並自然地擺動手臂，呼吸均勻，專心一致。

衞生防護中心也提醒開始運動計劃的人士，如果有以下身體狀況，請先諮詢醫生，例如：

一、容易頭暈而失去知覺者。

二、稍稍出力已經有呼吸困難情況出現。

三、患有慢性疾病如心臟病、呼吸系統疾病。

四、有骨骼或關節毛病，例如關節出現紅腫、發熱、僵硬及疼痛等。

五、已屆中年，但一直沒有運動習慣等。

按揉兩個部位寧心安神

為了增加身體的抵抗力，除了均衡飲食，有適量休息、適量的帶氧運動和拉筋之外，身體穴位按揉也應該成為你的日常生活的一部分，今日教你按壓兩個部位。

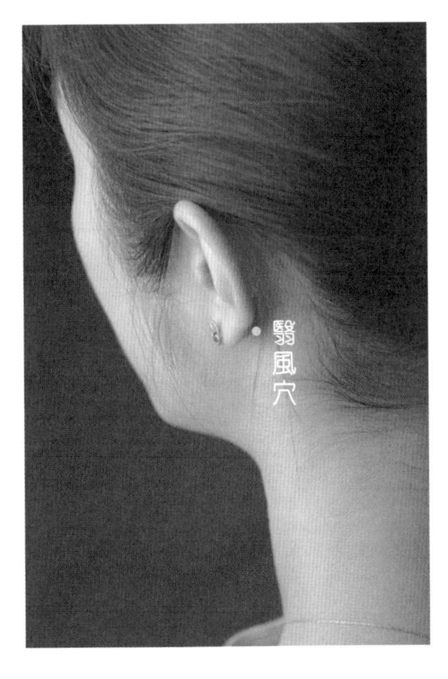

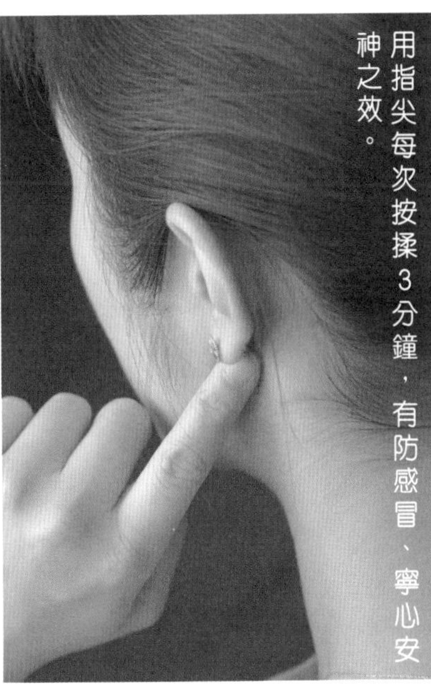

用指尖每次按揉3分鐘，有防感冒、寧心安神之效。

按揉翳風穴

第一個部位是翳風穴，它的位置在耳垂後方，乳突與下頜角之間的凹陷處，可用指尖來按揉，方位是朝向鼻尖的方向，每次按揉三分鐘；其效果是防治感冒，防範風邪入侵身體。當你悶悶不樂、心有鬱結時，請立即用指尖按揉兩邊的翳風穴三分鐘，會為你帶來寧心安神的效果。如果坐車坐船暈浪，按揉這個穴位也可幫助緩解。習慣性地每天按揉的話，會起到聰耳的作用。

按揉眼窩

第二個部位是眼窩。以指腹輕輕按揉，從上眼瞼開始，到外眼角，再去到內眼角（右眼窩依順時針方向按揉，左眼窩則以逆時針方向按揉）。眼睛周圍的穴位很密集，包括睛明穴、攢竹穴、絲竹穴、承泣穴、四白穴、太陽穴。每天按揉三分鐘，有明目安神、緩解眼睛疲勞、改善老花的效果。

記住：按揉時要輕柔，因為眼部穴位比較敏感，血管也很密集。

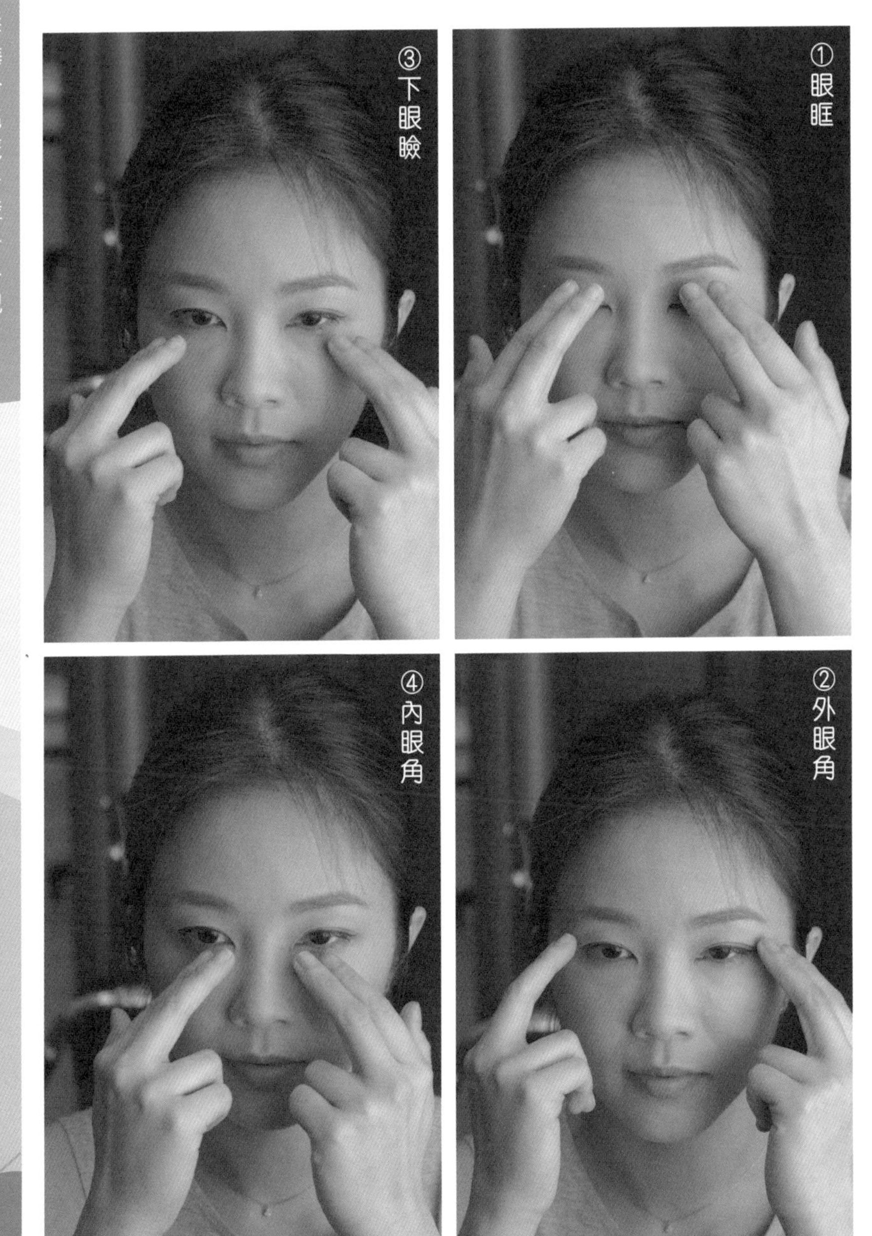
①眼眶
②外眼角
③下眼瞼
④內眼角

皮膚水潤，夢裏也會笑

因為有限聚令，大多時間都禁足在家避疫，晚上的交際應酬外膳飯聚全部清零，而中午的飯局也只限二人，真的多了許多上班以外的空間時間出來。一來可以不必像以往一樣，為趕書展死線而捱更抵夜寫稿做校對，於是多了時間去逛書店買書看書，也多了時間去扮靚日日護膚。

不瞞你說，我現在每晚做面膜，連續做了一個星期之後，皮膚水潤水潤，真是開心到夢裏也會笑。想知道我的方法嗎？十分簡單，把臉洗乾淨後，用熱毛巾敷半分鐘以打開毛孔，噴上紓緩保濕精華露來紓緩毛孔，再均勻地抹上椿花油，然後厚厚地塗上蘆薈修護精華素，連嘴唇都塗上，接下來就是覆上保鮮紙（只露出鼻孔呼吸）兩分鐘後，待皮膚適應了，再敷一次熱毛巾，好讓毛孔吸收臉上的護膚精華和潤膚油。

然後靜靜地躺二十分鐘，接着拿走保鮮紙，用溫水以小毛巾略洗掉臉上的護膚品，再噴上紓緩保濕精華露即可。

這個護膚方法，男女合用，尤其是皮膚敏感的朋友。

不能胡亂曬太陽

我認識一些很緊張自己皮膚狀況的女士，她們差不多從不會去曬太陽，為的是怕曬臉曬出雀斑來。說的也是，何況這些雀斑是「易請難送」的呢！我也貪靚，但我十分喜歡曬太陽。因為萬物要茁壯地成長，缺乏了陽光是萬萬行不通的，人也是萬物之一（還有萬物之靈這美號），怎麼可以沒有陽光的親炙？

因為適度地曬太陽，其好處之一是令身體產生維他命D，這是一種有助身體吸收和保留鈣。身體一旦缺乏維他命D，就容易患上心臟病，造成骨質疏鬆，即是說維他命D有強化骨骼和保護牙齒的功效，也有防止老人癡呆的效果。其二是曬太陽後，有助心情愉快，消除憂鬱。因為在陽光下的身體，大腦會產生被稱為快樂激素的血清素，令人情緒由負面變成積極。而且，常曬太陽有助降低流感病毒及呼吸道疾病。

曬太陽的時間，最好是上午十時及下午四時，這些時段正處於陽光中的紫外線偏低的時間，既能促進新陳代謝，又可避免傷害皮膚，每次曬十五至二十分鐘已經足夠。曬的位置最好是背部，背部有條很重要的經絡——督脈，有「陽脈之海」之稱，把背曬熱的話，人體陽氣也就充足了。

天然減肥保健茶

朋友莎莉說，大海欖加入羅漢果對清喉嚨更快見效，還有一個好處就是治燥咳。

材料很簡單，大裝羅漢果一個、大海欖八顆。做法是先把羅漢果剝開許多小塊，然後加入大海欖，再用滾水沖泡，焗十分鐘，即可飲用。

如果把大海欖換作山楂跟羅漢果一起泡茶飲，效果就是減肥。方法也是將羅漢果剝成小塊，加入五錢山楂，用兩碗清水，一起放入瓦罉中，大火煲滾後轉小火煲十分鐘即可，飲用時可加入蜂蜜，味道更佳。

我記得羅漢果又名神仙果，是藥食兩用的食材，那種甘甜特別的味道，不是人人都可以接受的。但這種特別的甘甜，正是它能抗衰老、化痰止咳、降血糖、潤肺的因由。羅漢果夏天開花、秋天結果，新鮮的羅漢果在常溫下，只可以保存十天左右，目前我們見到市面出售的分別有傳統啡色的羅漢果和金羅漢果。

為了長久保存，一般會將羅漢果脱水或烘烤，但為甚麼會有兩種顏色的羅漢果呢？那是因為烘烤方法不同的關係。傳統的（啡色那種）是透過高溫烘乾技術製作，而金色那種則以低溫真空脱水而成，兩者效果大同小異，可以放心食用。

大海欖及羅漢果

浸泡的大海欖

生命在於運動

是的，人是動物所以必須運動；有這樣一句諺語：「生命在於運動」。曾提及的那位九十歲但看似六十歲的老先生，其健康秘訣之一就是常運動。他最愛步行，說走路是世界上最好的運動之一，既簡單又能強身，但他請大家記住，走路必須注意「三五七」原則。

「三」是每天要用三十分鐘快走三千米以上，一定要堅持；「五」是一星期至少要做五次運動；「七」是指運動後的心率加年齡等於一百七十，例如五十歲的人，運動後的心率達到一百二十次，一百二十加五十，就是一百七十了。當然，運動要根據自己的身體狀況來調節。總之一句話，每天至少都要有快走三十分鐘的運動記錄，直至身體發熱微微發汗，就達致鍛煉效果了。

老先生又提醒大家，如果早上去鍛煉的話，應該待太陽出來後，大約九時到十時之間這段時間去做運動。理由是太陽出來之前，空氣中的二氧化碳含量較高，此時運動不是等於在吸收廢氣嗎？在冬季和春季這些季節，早上五時至九時是最容易誘發老人家心腦血管疾病的時段，老人家切記避免在這段時間做劇烈運動。

鳴謝

三月蟬鳴，是策劃書展新書的時候了。由於年初的第五波疫情爆發，與出版社開會討論後，決定以疫後生活、身心排毒為主題。

主題落實了，找場地，拍封面。

經過上次的合作，致電信和置業營業部集團聯席董事田兆源先生，他二話不說答允借出旗下屋苑逸瓏灣8拍攝，地點落實了，人也輕鬆下來。

出版社同事密鑼緊鼓地計劃拍攝內容清單，蔬菜、水果是排毒之源當然不可少，想到購買新鮮蔬果的地方，腦海立即閃過city'super，搖個電話給city'super管理層，回覆一句：「沒問題。」一個全新推出的購物袋和整袋顏色繽紛的蔬果，為我們的相片增添不少色彩。

排毒強身，說的是運動的重要性。書內提及急步行、深層呼吸法及按穴位養生等方法，我特意找來年輕的獸醫 Kaylen 作模特兒，謝謝她百忙之中抽出一整天時間為我們拍攝。

還有，好友 Catherine 親自到場協助進行拍攝，並給予意見，非常感激。

一本書能成功誕生，是很多人付出努力的成果。幸運地，身邊有愛護我的家人、朋友、同事及出版社各人，大家的目標一致，要為讀者帶來健康的生活資訊，亮麗一輩子！

著者
李韡玲

責任編輯
簡詠怡

裝幀設計
羅美齡

排版
楊詠雯

攝影
梁細權、羅美齡、歐陽珍妮

出版者
萬里機構出版有限公司
香港北角英皇道 499 號北角工業大廈 20 樓
電話：2564 7511　　傳真：2565 5539
電郵：info@wanlibk.com
網址：http://www.wanlibk.com
http://www.facebook.com/wanlibk

發行者
香港聯合書刊物流有限公司
香港荃灣德士古道 220-248 號荃灣工業中心 16 樓
電話：2150 2100　　傳真：2407 3062
電郵：info@suplogistics.com.hk

承印者
美雅印刷製本有限公司
香港觀塘榮業街 6 號海濱工業大廈 4 樓 A 室

出版日期
二〇二二年七月第一次印刷

規格
32 開（213 mm × 150 mm）

版權所有．不准翻印
All rights reserved.
Copyright © 2022 Wan Li Book Company Limited.
Published and printed in Hong Kong, China.
ISBN 978-962-14-7435-3

李韡玲

亮麗一輩子手記

從身．心排毒做起

鳴謝場地提供：
信和集團
逸瓏灣 8